コケはなぜに美しい

大石善隆　Oishi Yoshitaka

湿った倒木はコケの大好きな環境だ。

フカフカのヒノキゴケのじゅうたんは気持ちよさそう。

いっぱいに水滴をつけて輝くノミハニワゴケの蒴。

優しい色合いのサワラゴケ。一面、毛に覆われて可愛い。

みずみずしいツボゴケ。足元にコケの美が広がっている。

はじめに

小さくて花も咲かせず、おまけに食べてもおいしくないため、文字通り、コケにされがちなコケ。しかし、最近、じわじわとコケの虜（とりこ）になる人が増えてきている。なぜ、コケがコケにされなくなってきているのだろう？

その理由は、ずばり、コケが美しいためだ。その清楚でみずみずしい姿が美しいのは言うまでもない。文化的にみれば、わび・さびに代表される日本の美意識にコケは深く関連している。さらに、ひたむきで健気なコケの暮らしぶりはみる人の心に響き、巧妙な生き残り戦略はもはや芸術の域に達しているといっていい。そして、驚くべきことに、小さな美しいコケのなかに、世界が揺さぶられるほどのメッセージさえ、潜んでいることもある。

しかし、控えめなコケは、わたしたちのほうからドアをたたかなければ、決してその美

その名に違わず美しい「ウツクシハネゴケ」
柔らかくふわりと広がる姿とその優しい色合いに見惚れてしまう。

しい姿をみせてはくれず、大切なメッセージを届けてくれることもない。人は、遠方にある鮮やかな花々が咲き乱れる名所は知っていても、足元で可憐に咲く小さな草花には目を留めないという。同じように、身の回りにコケがあっても、その存在に気がつくことは少ない。この知られざるコケの美しさを紹介すべく、本書は執筆された。この本を読み終えたら、そこにはきっと、いつもの目線ではみえなかった小さなコケの世界が広がっているはずだ。

コケの美しさをしる

ところで、小さなコケを、あるいはその美しさをしることに、一体どんな意味があるのか。私が思うに、「コケの美しさをしる」ということは、すなわち、「日々の生活をちょっぴり楽しくすること」につながるのだ。コケで人生バラ色になる……とまではいかないにしても、いつもの風景をこれまでとは違った視点で楽しむことができるだろう。

例えば、いつも通る道の途中できれいなコケをみつけて、立ち止まったとする。「コケか」「ここにコケがあったんだ」「なんていう名前のコケだろう」など、感じることはそれぞれ。いずれにしても、この瞬間、あなたは、ほんの少しだけ新しい世界に足を踏み入れている。いつもの目線では見過ごしてしまいがちな小さなコケの世界だ。

もし、この足元に広がるコケの世界に関心をもつことができたら、見慣れた風景も少し変わってみえないだろうか？　立ったまま見る風景と座ったまま見る風景では、見えるものもその印象も違う。ならば、座ったまま見るよりもさらに低い地面すれすれのコケの世界から風景をみれば、これまで考えてもみなかった「何か」をみることができるかもしれない。道端で偶然みつけたコケはいつもの暮らしに、そっと「小さな彩(いろどり)」を添えてくれる可能性を秘めているのだ。

カタツムリのような歩みのコケ観察会

南アルプスにおける観察会にて。左から三番目が著者（撮影：清水准一）

コケが添えてくれる小さな彩。これはコケの観察会の様子を端からみていると決して大げさな表現ではないことがわかる。コケの観察会では驚くほど参加者の歩みが遅い。これは地面や木の幹に張りついているコケをじっくりみながら歩くためだ。ときには1時間でほんの5メートルしか動いていないことがある。一日歩いても、入り口からみえるくらいの距離までしか辿りつかないこともしばしば。歩く速さは亀には到底およばず（ただ、実は亀は意外に速い）、もはやカタツムリにさえ敵わないかもしれない。これはコケ観察会の鉄板のあるあるネタである。

だが、ただの笑い話で終わらせてはいけ

ない。視点を変えてみれば、「コケをみることで、歩いたらほんの数秒で通り過ぎてしまう距離のなかに1時間以上滞在する価値を見出した」といえるのだから。こう考えてみると、コケに興味をもつことで、なんだか幸せになれそうな気さえしてくる。

コケの世界にようこそ

ちょっとコケが気になりつつも、どうやって最初の一歩を踏み出せばいいか、迷っている人もいるだろう。しかし、心配することなかれ。このハードルは決して高くはない。気が向いたとき、身の回りのコケに関心をむけるだけで十分だ。視界の片隅でコケの姿をとらえていると、そのうちに、もっとコケに近づきたい、という欲求がふつふつと湧き上がってくるようになる。今まで気がつかなかったけれど、言われてみれば確かに身の回りにコケがある。庭先にも、塀の上にも、道路の脇のちょっとした窪みにも、街路樹にも……コケに出逢わない日はないといってもいい。いったい、どんなコケが生えているのだろう、と。これは、「身近にいる人を好きになる」という恋の法則に通じるものがある。ヒトは同じ生活圏にいる人とは顔をあわせる機会が多いため、恋に落ちやすいという。ならば、どこにでも生えているコケに興味をもつのも不思議はない。

そして、ある日突然に、コケとの距離がグッと縮まるチャンスが訪れる。何の気なしにしゃがみこんでじっくりコケをみたとき、まるで初めて雪の結晶をみたときのように、思わず、はっとするのだ。

「よくみると……コケって美しい」

この日を境にして、じわじわとコケが生活の中に入ってくるようになる。街を歩いていれば、歩道の片隅にある小さなコケの緑が気になり、お花見にいっても、目線は花ではなく木の幹のコケにいってしまう。もはや説明はいるまい。あなたはコケの虜になってしまったのだ。そんなあなたを、全国津々浦々にいるコケの同志が温かく迎えてくれるだろう。

コケはなぜに美しい　目次

校閲―福田光一
図版―手塚貴子、大石善隆
DTP―佐藤裕久

序章

コケはなぜに美しい

美しい色合い

これまではコケなんて気にもとめてなかったのに、そんなあなたでさえも一瞬で振り向かせてしまうコケ。その秘密のひとつは、「みずみずしく、透き通った色彩」にある。

コケを光に透かしてみる。まるで緑のセロハンのように、コケがキラキラして透明感にあふれている。その一方、木の葉を光に透かしてみても、コケにみた透明感はない。こちらは何だか色画用紙のよう。この違いはコケの葉の薄さが関連している。木や草は根から水や栄養分を吸収し、維管束とよばれる管を通して葉先まで運んでいる。さらに木や草ではこうして根から運んだ水が体内から簡単に失われないよう、葉の表面を厚いワックス（クチクラ）で丁寧にコーティングしている。

つまり、木や草は維管束をもつために葉が厚く、おまけに表面にワックスまであるために、その葉は光が透過しにくい。その一方、こうした体のつくりをもつ草木とは異なり、コケには維管束がなく、葉の表面から直接水や栄養分を吸収している。そのため、コケは水の吸収を妨げてしまうワックスで葉を完全には覆うことができず、また、水を内部にまで行き渡らせるために葉を厚くすることもできない。その結果、光さえも透き通るようなシンプルな構造の葉にならざるをえないのだ。

美しい緑のバラ「カサゴケ」

「カサ」にたとえられてはいるが、カサというより、その姿は美しい緑色のバラ。透き通る色合いがエレガントさに磨きをかける。やや湿り気のある土上に生え、とくに日本海側に多い。

ただ、コケの葉が単純だからといってコケが他の生物と比べて劣っているわけではない。かのレオナルド・ダ・ヴィンチが、"La semplicità è la suprema sofisticazione."（単純とは、究極に洗練されていることだ）と言ったように、コケの単純な構造は、自らの生活スタイルにあわせ、究極に洗練されたもの、と考えていい。これは多くを語らなくても、コケに興味をもった方ならきっと納得してくれる

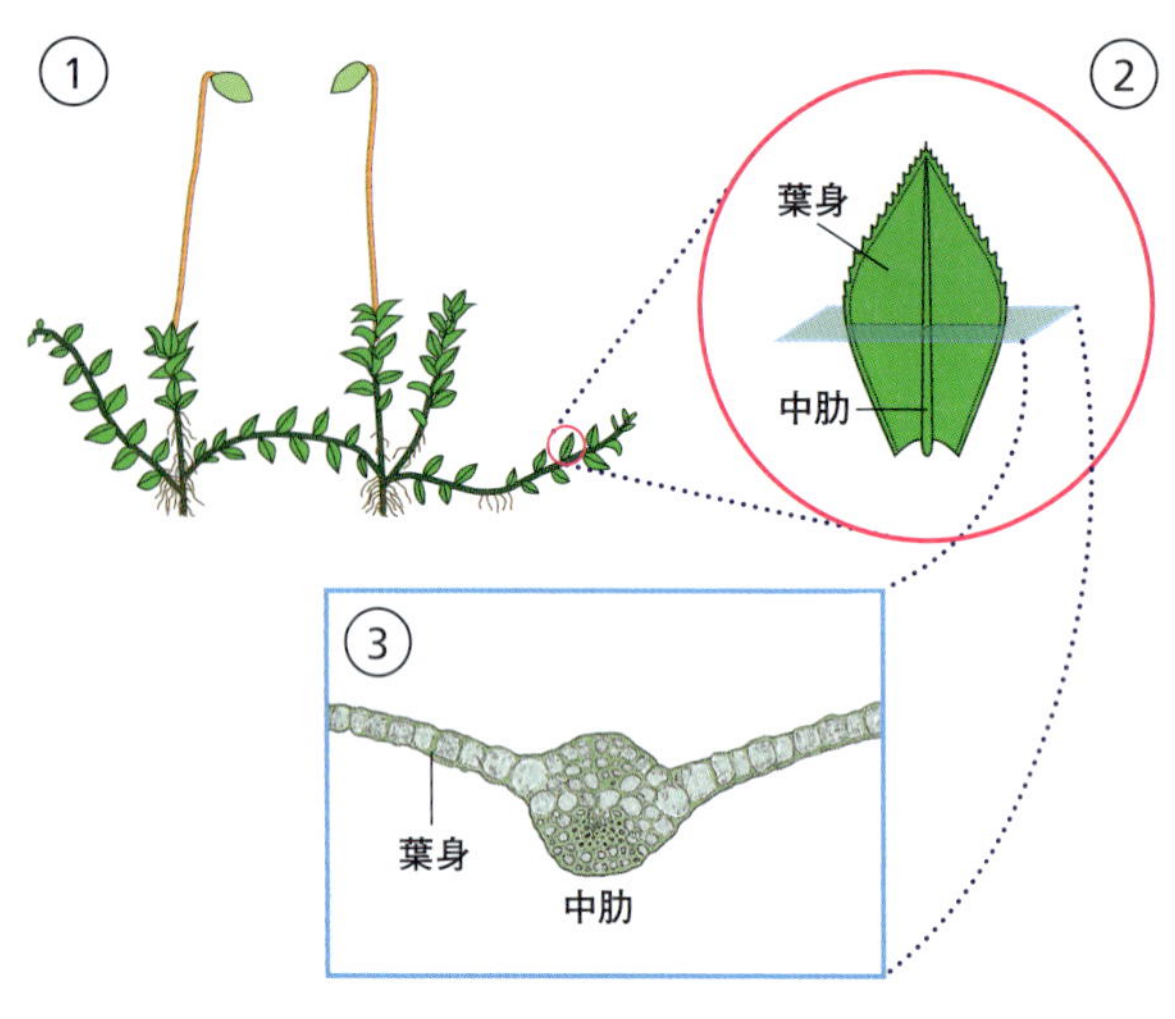

コケの葉の断面（井上浩、1969を改変）
①個体（コツボゴケ）②一枚の葉 ③葉の横断面

だろう。「究極に洗練された単純な構造」をもつがゆえ、人を惹きつけるほどにキラキラと輝いているのだから。

味わい深い形

色だけではない。コケのさまざまな形もその魅力のひとつだ。「コケって緑の塊じゃなかったっけ？」と思っている人へ。ぜひ、しゃがみこんでコケをじっくりみてほしい。その形はスギゴケのように立つタイプから、ゼニゴケのようにペチャッとしたタイプだけではない。ヤシの木やマリモ状のものまで、その形の多様さに驚くだろう。コケの研究者たちは、このコケの小さな造形美にいろいろな動物を見出してきた。なかには何をどうみたら……と思われるものもあるだろう。が、あまり細かいことを気にしてはいけない。次のページ以降で紹介するコケをみて、名前の由来となった生き物がいくつ連想できるだろうか?

　動物だけでなく、コケにはなかなか味のある名前をもつものも多く、ちょっと遊び心のある名前にクスッとしてしまうこともある。

　個人的なお気に入りはムクムクゴケ。葉が糸状になっていて、モフモフした動物のようにみえる。ムクムクの名に相応しい。また、少し捻りがきいたものには、コマチゴケがある。その女性らしいたおやかさを絶世の美女・小野小町にたとえられて名づけられた。このコケをじっとみていると、たしかに女性らしい雰囲気が漂っているような気がしないでもない。いずれにしても、オリオン座にギリシャの狩人オリオンの姿をみつけるよりは、コマチゴケに小野小町の面影を見出すほうが容易だろう。

　このように、「このコケの名前にはいったいどんな意味があるのかな?」と想像を膨らませながら、コケをみるのもまた一興。きっとあなたの世界を広げてくれるはずだ。

イタチノシッポ（鼬）
正式名称はヒノキゴケだが、そのフワフワ感を動物の尻尾にたとえて「イタチノシッポ」とも呼ばれる。コケ庭の景観をつくる主要なコケの一つ。平泉寺白山神社（福井県勝山市）はヒノキゴケの群落が美しいことで有名。

ネズミノオゴケ（鼠）
ツンツンとした形をネズミの尻尾にたとえて。学名（動植物につける世界共通の名前）もネズミの尾に由来する。このコケにネズミの面影を見出すのはどこも同じらしい。農村～里山に広く分布する。

イクビゴケ（猪）
漢字で書くと猪首苔。蒴（コケの花）をイノシシの頭部にみたてて名付けられたが、麦粒のようにも見える。イノシシの名をもつ唯一のコケで、亥年の年賀状に欠かせない。

シワラッコゴケ（海獺）
一説によれば、カールした葉を「海面に浮かび、頭としっぽをすこし持ち上げたラッコの姿」にたとえたという。ややピントこないところはあるが、モコモコした雰囲気はラッコにみえなくもない。

クジャクゴケ（孔雀）
威風堂々たる姿はまさに羽を広げた孔雀。葉に目玉模様があれば完璧だったが、そこまでコケに求めるのは酷である。コケ本体も優しい淡緑色をしており、その姿も色も美しい人気のコケだ。

ジャゴケ（オオジャゴケ）（蛇）
どこがヘビ？ と思うかもしれない。しかし、葉の表面をよくみると、一目瞭然。そこには蛇の模様が浮かんでくるはずだ。ヘビでなくとも、トカゲやワニなど、爬虫類系の名前ならなんでもしっくりくる。

ホウオウゴケ（鳳凰）

葉を平らに二列に並べてつける姿を鳳凰の尻尾にたとえて。この小さなコケから空想上の生物「ホウオウ」を連想した想像力は特筆に値する。鳳凰だけでなく、鳥に関連する名をもつコケは多い。

フトリュウビゴケ（竜）

太く、ピンと伸びたコケの茎先を竜の尾にみたてて。なお、コケには竜という名をもつ種が少なくない。小さなコケゆえに、大きくて強い竜への憧れがこめられているのかもしれない。

エビゴケ（海老）

茎の先端から長くでた糸状のもの（苞葉の中肋）を触角に、鎧のようにもみえる本体を外骨格にみたてたら、エビの姿が浮かび上がってこないだろうか？ 特に火山岩の上を好んで生える。

ネーミングセンスが光る「ムクムクゴケ」

葉が糸状に裂けて、毛に覆われた動物にように見える。この「ムクムク」した姿から命名されたのだろう。

美女を名をもつ「コマチゴケ」

美女の名を冠する唯一のコケ。丸い葉を三列につけるのが特徴。全体的に丸みを帯び、そのたおやかな雰囲気が「小野小町」を連想させる。

コケに花はあるか

コケの形を語る上でもうひとつ忘れていけないものがある。「花」だ。理科の教科書ではコケに花はないとはいうものの、実際には、ツンツンとした花のようなものがある。これは一般に「コケの花」と呼ばれ、俳句では初夏の季語としても使われている。コケには花がないはずなのに、花がある？　これはいったい何なのだろう。

結論からいえば、このツンツンとしたものは花のように思われているだけであって、本当の花ではない。タイ（鯛）ではないのに、平べったくて赤いためにキンメダイをタイと呼んでいるようなものだ。コケの花の正体は、正式には「胞子体」と呼ばれ、コケの種（たね）ともいうべき胞子が詰まっている。胞子体は地味な花のようにもみえるので、その見た目から花と考えられたのだろう。ちなみに、胞子体ではないが一部のコケの雄の生殖器官（造精器が集まって盤状になったもの：雄花盤）も花のようにみえ、これをコケの花と呼ぶ人もいる。

花が決まった季節に咲くように、コケの胞子体も毎年同じ時期につくことが多い。また、花にいろいろな色・形があるように、コケの胞子体もバラエティに富む。例えばタマゴケやサワゴケ類の胞子体の先端部（蒴（さく））はまん丸で、その姿は漫画『ゲゲゲの鬼太郎』にでてくる目玉のおやじのよう。一方、アオギヌゴケ類の蒴はシュッと細長く、鳥の頭部に似

「コケの花」と呼ばれる胞子体（蒴）

サワゴケ

キンモウヤノネゴケ

花のような雄花盤

ムツデチョウチンゴケ

スジチョウチンゴケ

ている。

　しかし、コケの胞子体はカラフルな花のようにパッと見の印象が強くないので、普通に歩いていたらコケの花に目が留まることは少ない。川端康成の小説で、別れる男に花の名を一つ教えておく、という女性の話がある。花は毎年必ず咲く。だから、その時期になればこの花をみて、あなたは毎年私のことを思い出す、と。これは「花」だからこそ成り立つストーリーであって、コケの花を教えても、思い出してはもらえそうにない。

花と比べるとどこか物足りなく感じてしまうコケの花ではあるが、しゃがみこんでみなければわからないところにこそ、コケの面白さの真骨頂がある。

そもそもコケとは?

ここまで、そぞろにコケについて語ってきたが、ここでは少しだけ、生物学的にコケが何者であるかについてもふれておこう。

たまに「コケは植物ですか?」と聞かれることもあるが、もちろん、まごうことなき植物だ。ちなみに植物の定義は専門的にはいろいろあるが、厳密さを犠牲にしてわかりやすくいえば、「葉緑体をもち、光合成をしてエネルギーをつくる生物」である(実際には生物の系統を考慮したより正確な定義がある)。小さいながらも緑色で、光合成をするコケが植物に属するのは一目瞭然のはず。それでも植物ではないと思われてしまうのも、コケは木や草とは形が大きく異なるためだろう。しかし、よくみれば、小さいけれどコケも木や草のように葉や茎がある。本当の花がないことを除いては、草木とコケはみた目には大きな違いはないようにみえる。

では、花の有無で草木とコケをわけているかといえば違う。これについては、植物の進化をふまえて説明するのがわかりやすい。

長い長い進化の歴史

中学や高校の理科の教科書を開けば、コケが登場するのはだいたい植物の進化や生活史のところだ。例えば「植物の祖先は水の中で生まれて少しずつ陸での生活に適応しはじめる。これを順にならべると、藻類、コケ植物、シダ植物、種子植物（裸子植物・被子植物）となり、コケは最初に陸での生活に適応した植物である」と、説明される。これはかなり端折（はしょ）った話なので、コケを中心にして植物の進化の歴史もひも解いてみよう。

地球は約46億年前にできたとされている。40億年ほど前になってやっと最初の生物が海のなかで誕生した。これは水のなかの方が化学反応が進みやすかったことや、陸上では紫外線が強すぎ、生物が生存できなかったことが関係する。さらに時間が過ぎて32億年ほど前になると、海のなかで光合成をする生物の祖先が生まれ、酸素が大気中に放出されるようになる。そして10億年前になって、植物に近いグループの藻類（緑藻類）が誕生した。これらの生物が繁茂（はんも）することで大気に放出される酸素が増え、酸素を材料にしてオゾン層がつくられるようになった。このオゾン層は陸上に降り注ぐ有害な紫外線を和らげる効果があり、やっと生物が陸で暮らすための条件の一つが整った。

「条件の一つ」というのは、生物が陸で生存するためには、乗り越えるべき大きな大きな壁がいくつもあったのだ。そのもっとも大きな壁が乾燥である。常に水に囲まれている海のなかでは乾燥への対策をする必要はなかった。しかし、そのままの体で陸地にあがったとしたら、瞬く間に干からびて命を落としてしまう。

そして長い時が過ぎ、約4億7千万年前になって、ついに陸上での生活が可能になった植物が現れる。この最初の陸上植物にもっとも近いのが、本書の主役コケである。

「もっとも近い」とちょっと遠回しの言い方をするのは、最初に陸に上がった植物そのものは現在はみられず、未解明の部分が多いためだ。ただし、コケはこの最初の陸上植物がもっていた特徴を色濃く残しているのは間違いない。そこで、緑藻類からコケになるまでの時間をざっくりと計算すると、実に約5億年近い時間が必要だったことになる。ちなみに、チンパンジーとの共通の祖先から分かれ、現代のヒトが誕生するのにかかった時間は約500万年とされる。これは緑藻類からコケが進化するまでに要した時間の約100分の1程度。つまり、チンパンジーとの共通の祖先からヒトが100回誕生するくらいの時間をかけて、やっと緑藻類からコケが誕生したことになる。この時間をみてもいかに陸への進出が一大イベントだったかを想像できよう。

では、どのようにして最初の陸上植物は乾燥を防ぐことに成功したのだろうか？

水中で繁茂していた植物の祖先が陸上の乾燥に耐えうる強い体をもつためには、あまりにも課題が多かった。しかし、どんなに高い山でも一歩ずつ登ればいつかは踏破することができるはず。そこで、陸上植物の祖先は優先度の高いものから手を付けていくことにした。つまり「乾燥にとくに弱いところを集中的に守る」ことから進化が始まったのだ。

植物は一生のなかで乾燥から絶対に守らなければならないところが二つある。ひとつは精子や卵細胞をつくる生殖器官。ここが乾燥して干からびてしまっては、次世代を残せなくなってしまう。もう一つは生まれたての頃。生物は一つの卵細胞が体細胞分裂を繰り返して大きくなっていく。しかし、生まれて間もない頃は細胞の数も少なく、乾燥を防ぐ術がない。この二か所を乾燥から守るだけでも、陸上生活にかなり適応できるようになるはずだ。

いろいろな試行錯誤の結果、たどり着いた答えは（1）これまでむき出しだった生殖器官を細胞で覆い、まるで袋で生殖器官を包み込むようにして乾燥から守ること、（2）生まれたての個体を母体内にとどめ、ある程度大きくなるまで母体の中で守り育てること、だった。これらの乾燥からの保護機構をもち、陸上で生活することができるようになったのが「コケ」である。

では、コケと木や草など、その他の陸上植物との違いは何だろう？　これは、さらなる植物への陸上生活への適応で説明される。陸上で生活できるようになったコケでも、体の至るところにまだ水中生活の名残(なごり)がある。例えば、水や栄養分の吸収の方法。前述のように、コケには維管束がなく、体の表面から水や栄養分を吸収している。その供給源は主に雨や霧だ。しかし、雨や霧はいつもあるわけではないので、生長が天候に左右されやすく、生きていく上で効率が悪い。そこで、一部のコケの仲間は土から水や栄養分を吸収する機能（維管束）を発達させ、天候にかかわらず、安定して生長できるように進化していった。この維管束を兼ね備えたのがシダ植物である。なお、コケからシダ植物に至る過程には、前維管束植物やリニア植物など、現在では見られない植物分類群もある。

さらに続く進化

しかし、シダ植物もまだまだ陸上生活に適応したとは言いがたい。せっかくなので、シダからその先の進化も紹介しておくとしよう。

コケよりも陸上生活に適した体をもつシダ植物ではあるが、依然として水中での生活の面影を色濃く残している。その一つが受精の方法だ。緑藻類やコケと同じく、シダは受精の際に水を必要とする。つまり、精子が卵細胞にたどり着くためには、水のなかを泳いでいかなければいけない。この受精方法は乾燥しがちな陸上では向いていない。そこで、水がなくても受精ができるようにと、精細胞を花粉のなかにいれて雌しべ（卵細胞）まで運ぶ画期的な方法が編み出された。

　また、胞子を利用するシダの繁殖方法にも課題があった。小さな胞子が長く厳しい乾燥に晒されると生存率が急激に低下してしまうのだ。これは厚い殻に覆われた乾燥に強い種子をつくることによって回避することができた。この「花粉を利用して受精し」「種子で繁殖する」特徴をもつ植物こそが種子植物、つまり草や木になる。

　さらに、種子植物の一部（被子植物）では花粉をより遠くの雌しべに届ける工夫も新たに加わる。その工夫とは、蝶や蜂などの昆虫や鳥に花粉をくっつけて運んでもらうというものだ。しかし、ただ生えているだけでは都合よく蝶などが飛んできてもらえるはずがない。人と同じく、何か物事を動物に頼むときにも「ギブアンドテイク」の関係があったほうがうまくいく。そこで、被子植物は花粉を運んでもらうかわりに、蜜のご褒美をあげることにした。さらに、美味しい蜜があることをアピールするための色とりどりの美しい花びらを進化させたのだ。このコケの進化のストーリーをたどると、「コケにはなぜ花がないのか」がわかるだろう。動物をつかって花粉を届けるわけではないコケに、きれいな花は必要ない。

維管束をもつなどの複雑な体のつくりはいかにも高度にみえたせいか、草木やシダを「高等植物」、コケは「下等植物」と呼ばれていたこともあった。しかし、下等植物とはあまりにも失礼な呼び方である。本書を読んでいただけたらわかるが、コケは決して下等ではなく、小さな体を駆使して、驚くほど巧みに環境に適応している。花がないからといって、下等などのレッテルを張るべきではない。コケにも敬意を払う必要があるだろう。こうしたコケ研究者たちの熱い思いが通じたのかどうかは定かではないが、現在は下等植物という呼び名はすっかり廃れ、教科書などではまず目にすることはない。一般的な書物ではコケはコケ植物やコケ類、やや専門的なものでは蘚苔類（せんたい）として紹介されている。

コケは退化して生まれた？

今、紹介した「コケ植物から種子植物に至る進化」は筋が通っていてわかりやすい。し

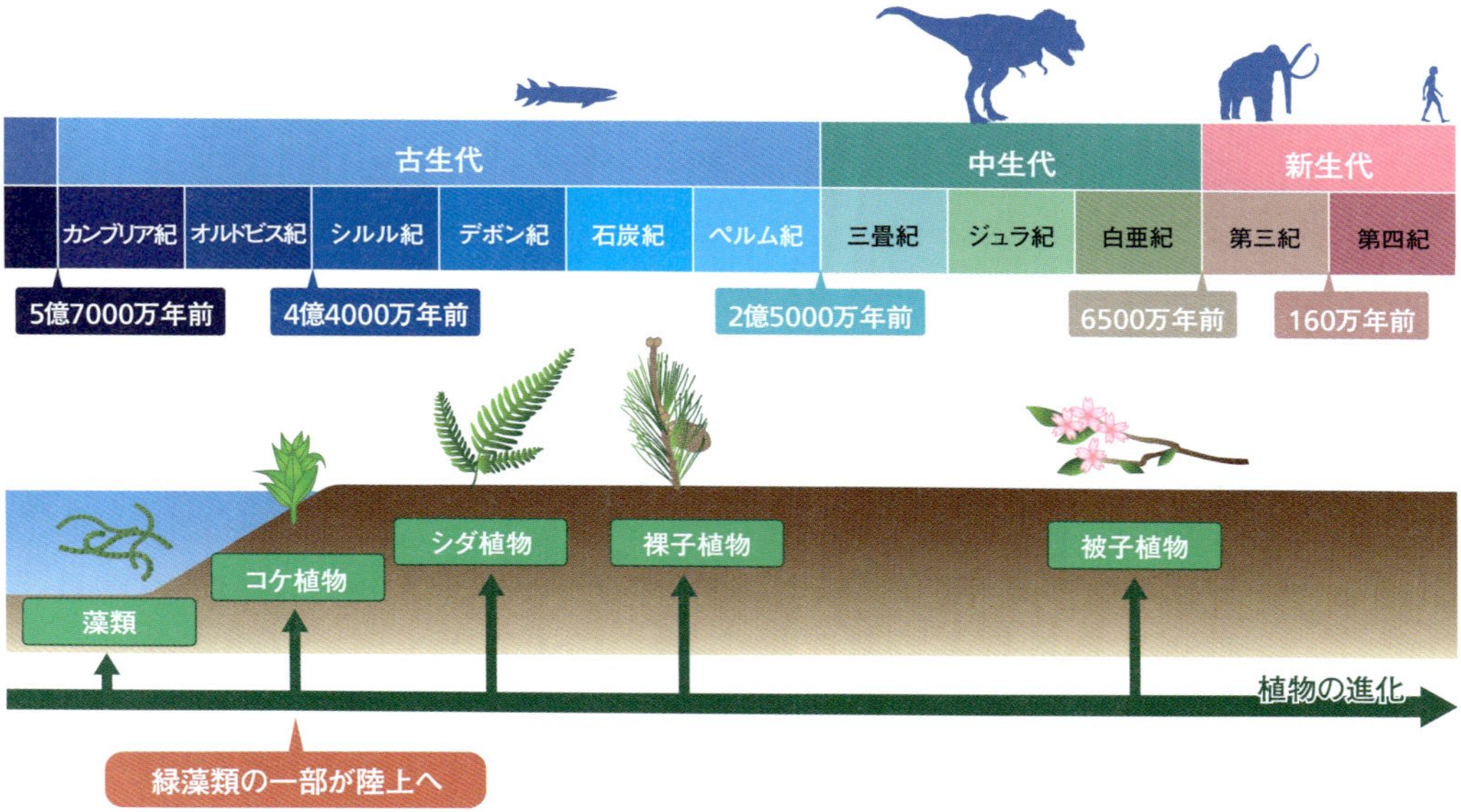

古生代
中生代
新生代
カンブリア紀
オルドビス紀
シルル紀
デボン紀
石炭紀
ペルム紀
三畳紀
ジュラ紀
白亜紀
第三紀
第四紀
5億7000万年前
4億4000万年前
2億5000万年前
6500万年前
160万年前
藻類
コケ植物
シダ植物
裸子植物
被子植物
緑藻類の一部が陸上へ
植物の進化

陸上植物の進化（八木直人、http://www.spring8.or.jp/ja/news_publications/research_highlights/no_78/を改変）

かし、一部のコケの研究者たちは、この進化パターンに疑いをもった。現在は系統学や遺伝学の手法などによって、「藻類（緑藻類）→コケ植物→シダ植物→種子植物」の順に進化が進んでいったことがわかっている。しかし、植物の形態や発生の特徴から進化の道筋が議論されていた頃には、「シダ植物が退化してコケ植物になったのではないか」という学説があった。これは「退行説」とよばれている。

退行説の根拠にはいろいろあるが、ここではコケの「胞子体」に注目して解説する。コケの胞子体は非常に単純な形をしているが、実は植物の葉と同じように気体の交換をする「気孔」をもつタイプがある。気孔について少し補足しておこう。植物が生きていくためには、外部から体内に気体をとり入れなければならない。呼吸するためには酸素が、光合成を行うためには原材料となる二酸化炭素が必要になる。しかし、体内から水分の蒸発を防ぐため、木や草の葉の表面はワックス（クチクラ）でしっかりと覆われており、そのままでは体内に気体を取り込むことは難しい。酸素や二酸化炭素を取り込みたいが、葉の表面からワックスは取りたくない……。

このジレンマを解くために発達させたのが気孔である。葉の表面のところどころに気孔という小さな穴をもつことで、葉の大部分を乾燥に晒すことなく、気体の交換をすることができるようになったのだ。

その一方、コケの葉にはワックスがほとんど発達しておらず、葉の表面を通して気体を交換できるため、気孔が発達していない。それなのに、なぜコケの本体よりも単純にみえるコケの胞子体に、高度な陸上生活への適応の証ともいえる気孔があるのか。この一見不可解な事実は、「シダが退化した結果、胞子体になった」と考えるとすんなり納得がいく。

まずはシダの生活をちょっとおさらいしてから、「シダ→コケの胞子体」への退化を説明しよう。シダが発芽すると、まず、前葉体とよばれる主に小さなハート形をしたものができる。この前葉体が精子と卵細胞をつくり、これらが受精して誕生するのが、いわゆる私たちが目にするギザギザの葉をもつシダである（これはシダの胞子体にあたる。しかし、ここで胞子体とすると混乱を招くため、単にシダと呼ぶ）。なお、前葉体はシダの生長とともに消えてしまうので、普段目にする機会はほとんどない。「退行説」では、一部のシダは前葉体に寄生して生活する道を選んだ、と仮定する。一般的に寄生した植物は寄生主から栄養分をかすめとって生きているので、自分でエネルギーをつくる必要がない。そのため、余分な器官をどんどんそぎ落としていく。葉をなくし、光合成をする葉緑体をなくし……。そしてシダが極限までに単純化してできたのが、地味な花のようなコケの胞子体である。

その一方、寄生されてしまった前葉体はこのシダを養うべく、より多くのエネルギーが必要になる。そこで、前葉体は光合成能力などの機能を強化していく。やがてほとんど目にすることのなかった前葉体が大きくなり、それがコケの本体、つまり私たちが普段目にするコケとなった。こうした経緯をたどったために、シダであった名残として、コケの胞子体には気孔がみられるのだ。この説明を聞くと、いかにも納得させられてしまいそうな「退行説」ではあるが、冒頭で述べたように、現在この説は否定されている。

直接的にみることができない進化のような場合、過去に何が起こったのか解釈は難しい。都合よくみえる事実だけを集めたら、どんなストーリーだってできる。場合によっては「ヒトがコケから生まれた」なんて話もまことしやかに語ることもできるだろう。ある学者は、コケの進化について異なる意見が出され、どれももっともらしく真実が見分けづらかったとき、その状況を「羅生門シンドローム」と呼んだという（北川尚史『コケの生物学』）。この「羅生門」とは黒澤明監督が芥川龍之介の小説を映画化した作品のことだ。ある事件に関わった3人の主張を聞けばどれももっともらしく、どれが正しいのかわからない。一つしかない真実は「藪の中」、というストーリーである。ものごとの解釈はみる人によって違うので、「羅生門シンドローム」のような状況は日常生活でも多くある。ましてや、日常生活よりもはるかにみえないところが多いコケでは、真実は「藪の中」だらけのはずだ。

コケは三つに分けられる

ここまで、維管束をもたない陸上植物をコケと一括り(くくり)にしてきた。ただ、コケをもう少し細かくみると、大きな三つのグループに分けられる。この3グループとは、セン類、タイ類、ツノゴケ類。教科書でお馴染みのスギゴケ類はセン類、ゼニゴケ類はタイ類に区分される。

ツノゴケ類については教科書で触れられることが少なく、聞いたことがない人も多いだろう。日本産のセン類約1100種、タイ類約600種に対し、ツノゴケ類はわずか20種ほど。身の回りにもツノゴケ類はあるが、コケ全体に占める種数の割合が低いため、あえて触れなくてもいいと判断されたのか。あるいは、ツノゴケ類はタイ類の代表として紹介されるゼニゴケ類と姿形が似ているため、混乱を避けるためにあえてツノゴケ類を登場させていないのか。その真意はわからない。

ここで一つ重要なことを。教科書の影響か、はたまた、その特徴的な外見のためか、タイ類はいずれもゼニゴケのような形をしていると思われがちだが、これは大きな誤解である。タイ類の多くもセン類のように葉と茎の区別があり（茎葉体）、むしろ、ゼニゴケのような形をしたタイ類（葉状体）は少数派だ。そこで、ここでは「セン類」「タイ類」「ツノゴケ類」がどのように区分されているか、簡単に説明しておこう。

　セン類、タイ類、ツノゴケ類にはそれぞれいろいろな差異はあるが、もっとも違いが顕著なのは胞子体のつくりである。セン類の胞子体は見た目はモヤシに似ている。しかし、この胞子体はかなり丈夫にできていて、1年以上も腐らずに残ることもある。先端には胞子が詰まった袋状の「蒴」があり、蒴には「蒴歯」と呼ばれる糸のようなヒラヒラしたものがついている。この蒴歯を開閉することで、胞子の散布を調整している。一方、タイ類の胞子体は華奢で、胞子を放出したらすぐに消えてしまう。蒴は球〜長楕円形をしていて、成熟すると黒色になる。その姿はマッチ棒のよう。蒴歯はなく、蒴が4つに裂けることで胞子を散布する。蒴のなかには胞子の散布を助ける弾糸も入っている。

　セン類・タイ類とは異なり、ツノゴケ類の胞子体は爪楊枝に似ている。胞子はこの爪楊枝状の蒴のなかにあり、この蒴が縦に裂けることで胞子が散布される。モヤシとかマッチ棒とか爪楊枝とか、たとえられるものになぜか高級感はないが、そのつくりはまるで精密

セン類、タイ類、ツノゴケ類の本体と胞子体
(写真は胞子体。胞子放出前（上）と後（下）。大石、2015を改変)

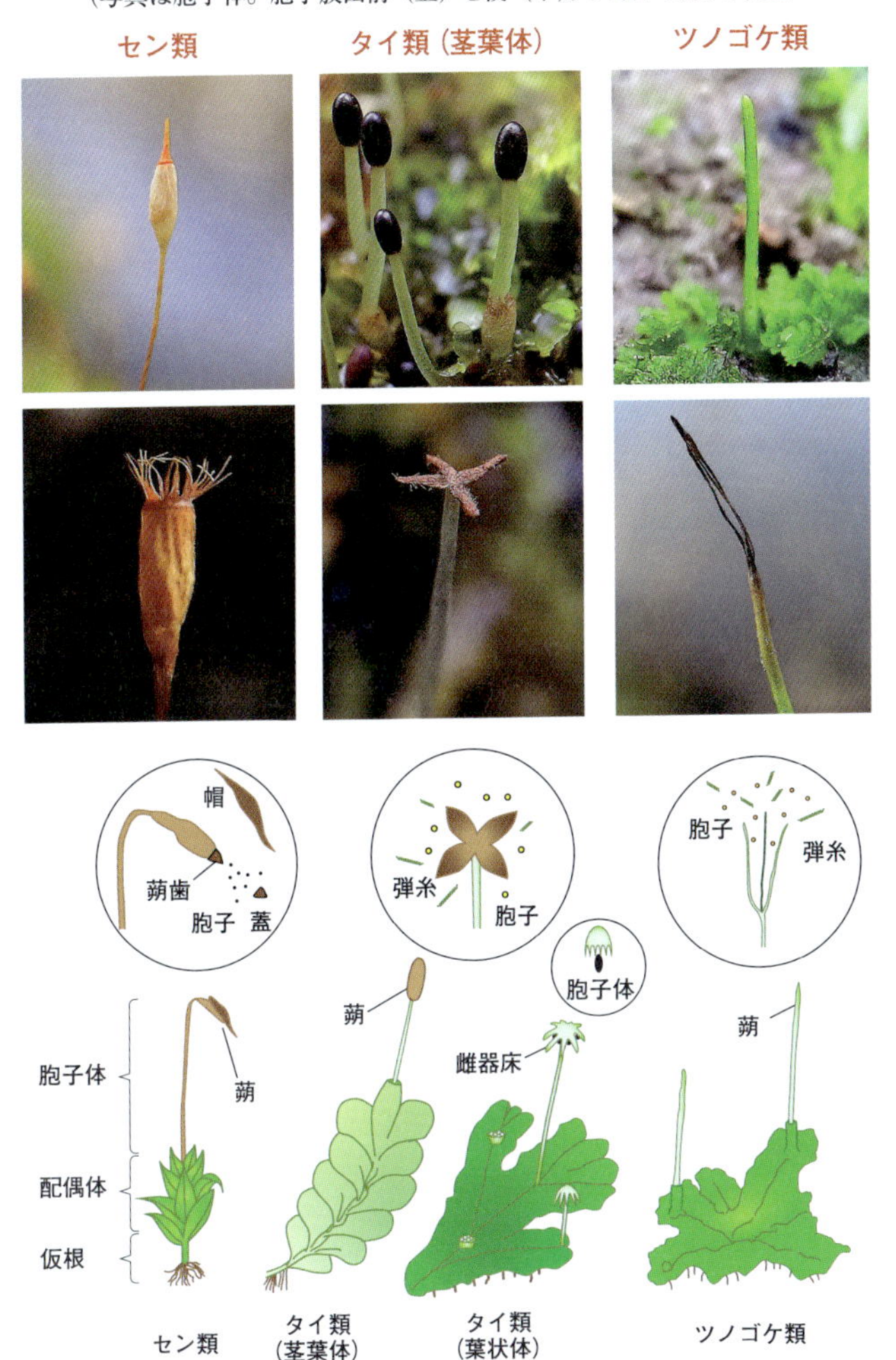

機械のように精巧で、輝くように美しい。

人に重なる生き方

さて、ここまで「コケの世界への第一歩」から「その秘めたる魅力」、そして、「コケとは何ぞや」と、コケの世界を楽しむための基本的な話をしてきた。でも、まだ触れられていないコケの大きな魅力がある。

それは「コケの生き方」だ。コケは厳しい自然環境に耐え、あるときは健気に、またあるときはたくましくしたたかに生きている。こうしたコケの生き方は、困難に耐えたり、あるいは葛藤を抱えたりして生活するわたしたちヒトの生き方と妙に重なるときがある。これに気がつくと、ちょっぴりコケに親近感さえ感じてしまう。場合によっては、コケの生き方に励まされた、なんてこともあるかもしれない。

ただ、コケの色や形とは違って、コケの生き方は一見しただけではわかりづらい。さらにコケの生き方といっても、なかなかに奥深い。都会の企業に勤務する人と郊外の農家の人のライフスタイルが違うように、生える環境によってコケの生き方も変わるのだ。

そこで、本書ではそれぞれの環境ごとに、コケの生き方に迫っていくことにしよう。こ

コケ庭の人気者「ヒノキゴケ（イタチノシッポ）」
柔らかな緑色、ふんわりとした姿……。まるで動物を撫でているかのような手触りも。

の舞台として選んだ舞台は次の七つの環境――「都市」「庭園」「農村」「里山」「深山」「高山」「水辺」。都市の片隅でみせるコケの健気な姿、庭園でコケが醸し出すわび・さびの風情、農村でみせるコケのたくましさ、里山の春に煌めくコケの新緑、深山のコケがつくる神秘的なもののけの森、高山の厳しい環境にひたすら耐えるコケ、水辺でみずみずしくキラキラと光るコケ。それぞれの場所で懸命に生きているコケの姿はどれもが輝い

凛々しい姿が素敵な「フロウソウ」
コケの形には、光・水を効率よく利用するための知恵が詰まっている。

ている。
　そして実は、それぞれの環境でコケがみせる生き方は、決してその美しさと切り離して考えることができない。これから紹介するように、コケの美しい色や洗練された形には、厳しい自然環境を巧みに生き抜くための知恵と工夫が詰まっている。この知恵と工夫をフルに活用し、コケは環境にあわせてその生き方を変幻自在に変えることで、都市から高山にいたる幅広い環境に進出することができたのだ。すなわち、コケの美しさとはその生き方そのものと考えていい。色、姿・形、そして生き方。この三点がそろったとき、きっとそこには「コケはなぜに美しいか」の答えがあるだろう。

上からみると星のような「エゾスナゴケ」
葉先はやや白くなる。乾燥に強く、屋上緑化にも使われる。

紫紅色が美しい「ムラサキミズゴケ」
深みのある色合いが一際目を引く。寒冷地に生える。

小話1

コケではないコケ

もともとコケは特定の生物を指していたわけではなく、木に生えた毛のような小さなものがまとめて木毛（コケ）と呼ばれていた。そのため、コケにはさまざまな生物が含まれる。コケではないがコケの名をもつ生物の代表は「地衣類(ちいるい)」だ。地衣類とは藻類と菌類が共生しており、植物というよりは菌類に近い。地衣類には木に生える種が多く、おまけに見た目もコケのようにみえるため、「コケ」の名をもつものも少なくない。よく耳にする地衣類は街路樹などにも生えているウメノキゴケだろうか。アイスランドのお茶には「ｍｏｓｓ」が成分に入っているものもあるが、実はそれはコケではなく、地衣類（エイランタイ、またはアイスランドゴケ：*Cetraria islandica* など）である。コケと地衣がごっちゃになるのは日本も海外も同じようだ。

一方、小型のシダにもコケの名をもつものが多い。「コケシノブ」や「クラマゴケ」などがその代表例。さらにややこしいことに、シダの「クラマゴケ」に似ているコケは「ク

ウメノキゴケ
一般的に、地衣類はコケよりも
乾燥した環境を好む。

アイスランドのお茶
地衣類だけでなく、
他のハーブも使われている。

ラマゴケモドキ」と名付けられており、シダの名前は「コケ」だが、肝心のコケがその「モドキ」になってしまっている。

さらに、地衣・コケ・シダの花がないグループを超えて、小さな草のなかにも「コケ」とよばれるものもある。身近な例でいうと、「ムラサキサギゴケ」「モウセンゴケ」などだ。ムラサキサギゴケは可愛らしい花を咲かせるが、そんなことはおかまいなしに、コケにされてしまっている。コケと呼ぶのに、花の有無は関係なかったのかもしれない。小さかったらコケとしてくくってしまうのがわかりやすかったのだろう。

1. コンテリクラマゴケ
2. オオクラマゴケモドキ
3. ホソバコケシノブ
4. オオシノブゴケ
5. ムラサキサギゴケ
6. モウセンゴケ

小さなシダ(1と3)はコケ(2と4)と混同されやすい。しかし両者を並べてみるとシダのほうが大形で、植物体もしっかりとしている。ムラサキサギゴケは多年草で、和名は花が鷺(さぎ)に似ていることから。モウセンゴケは食虫植物として知られている。なお、6の写真ではモウセンゴケ(中央)のまわりにミズゴケ類が生えている。

都市の章

健気に、時にしたたかに

まずはもっとも身近な環境——われわれの生活する都市のコケをみてみよう。
家から一歩足を踏み出せば、何かしらのコケが生えている。ただ、多くの人が生活する都市は人間にとっては快適であっても、ほかの生物にとって、決して暮らしやすい場所とはいえない。それなのに、なぜ都市のいたるところにコケが生えているのか。広い世界のなか、探せばもっと生活しやすそうな環境がたくさんあるのに、どうして都市を選んでしまったのだろうか。そこにはちょっと切なくも、コケのたくましさを感じるストーリーがひそんでいる。

周回遅れのトップランナー

コケも植物なので、適度な光と湿り気がある環境で暮らすのが理想的だ。しかし、現実は厳しい。こうした場所を好むのはコケだけではなく、コケよりも生長が早く、はるかに大きくなる雑草や木が旺盛(おうせい)に侵入してくるのだ。これらの植物が相手では、戦いを挑む前から勝敗はすでに決まっている。スポーツの世界であれば、勝ち目がなくても、立ち向かっていく姿が称賛されることもあるだろう。しかし、自然界ではそうはいかない。生き延びることこそがすべてなのだ。そこで、一部のコケは「理想的な環境」と「強力な競争相

都会の道端に小さなクッションをつくる「ホソウリゴケ」
いつもの通学路や通勤路をちらっと横目で見れば……きっとそこにコケがある。

手がいない環境」を天秤にかけ、生き延びるために後者を選んだ。
選んだというより、草木が生育できないような悪い環境に追いやられてしまった、という言葉のほうがしっくりくるかもしれない。カラカラに乾燥した岩の上、土がない木の幹、崩れやすい土の上など……。木や草との争いを避けるため、コケがたどり着いた場所はさまざまだった。こうした厳しい環境に耐えながら暮らしているうちに、少しずつではあるが、長い時間をかけ、コケはこの不利な環境に適応していった。そして、振り返ってみると、この長い不遇のときがコケの長所を生むことになる。コケは木や草と競争するのをあきらめた結果、「過酷な環境に耐える力」

が自然と磨かれてきたのだ。
時代はめぐって人類が文明を築き上げ、高度な科学技術を駆使して自然を大きく改変した都市をつくるようになった。落ち葉や雑草で覆われていた土壌は、アスファルトやコンクリートで張り固められ、うっそうとした森はビルが乱立するコンクリートジャングルへと姿を変えた。都市の街並みは整然と整備され、かつて動物たちが我が物顔でかけめぐっていた野山は、どこにあったのかさえ想像することが難しい。こうなると、森や野原で暮らしていた多くの動植物は、都市から撤退せざるをえない。

そんななか、「追いやられたはずのコケ」がキラリと光る存在感を見せはじめる。アスファルトやコンクリートは、日に照らされた岩の上で生育していたコケにとっては第二の故郷のようなものだ。街路樹の幹だって、土のない場所に生えていたコケにとっては生えるのには何ら問題がない。絶えず人の手が入る都市の公園の片隅でさえ、不安定な環境で生き延びてきたコケからしてみれば、十分立派な終の棲家となる。捲土重来——自然を大きく改変してできた現代の都市環境において、一周めぐって、力をつけたコケがもどってきたのだ。

とはいえ、人間活動が活発で、かつ、熱を吸収しやすいコンクリートやアスファルトで広く覆われている都市は気温が高く、乾燥しやすい。都市で生活するにあたり、この厳しい乾燥への対応は避けて通ることはできない。ではコケはどうやって乾燥に対処しているのだろうか？　ここでは、その秘密をコケの形態から探っていこう。

クッションをつくる

まずは、都市のなかでもっとも過酷な環境、道路わきのアスファルトやコンクリート塀に生えるホソウリゴケをみてみよう。このコケをみつけるポイントは、モコモコしたクッションのような形に注目すること。このクッションは乾燥しているときはなんだかみすぼらしくさえみえる。しかし、梅雨時などしっとりとした季節では印象がガラリとかわり、緑色も鮮やかで美しくなる。無味乾燥なアスファルトの上に、小さな緑の丘ができたよう。実はこの形に、乾燥への大きな工夫がある。

洗濯ものをしっかりと伸ばして干せばすぐに乾くが、くしゃくしゃのまま丸めてほうっておくと、なかなか乾かない。洗濯物が丸まっている状態では、まわりの大気に接する面積が小さく、水が蒸発しにくいためだ。これは一人暮らしを始めたばかりの頃に経験した人も多いと思う。同じように、コケの個体が集まってクッション状に丸まれば、外部に接

複数の個体が集まって生える「ホソウリゴケ」
緑色のコケがホソウリゴケ。コケの花（胞子体）は混成するハリガネゴケ類のもの。

する面積が小さくなって、内部の水が蒸発しにくくなる。
それだけではない。コケの個体と個体が密着することで、その間にも水をため込むことができるようになる。つまり、ホソウリゴケは小さな個体一つ一つが集まってクッションをつくることで、蒸発で失われる水を最小限にするとともに、密集した隣り合う個体間にまで水を蓄えているのだ。ホソウリゴケの群落がどのくらいの水を内部に含められるかを実験したところ、おおよそ乾燥重量の10倍以上もの水を蓄えられることがわかった。もし、ホソウリゴケがたった1個体で生きていたら、これほど多くの水を貯めることもできず、瞬く間に乾燥してしまうだろう。コケのクッションは、過酷な都市環境を生きぬくための工夫だったのだ。

賢く乾燥する

コケが厳しい都市で生活するための工夫は群落の形だけではない。十人十色というように、十のコケがあれば、そこには十の乾燥への対処方法がある。

数ある乾燥への対処法のなかには、芸術的な動きをみせるものもある。小さなコケの葉が、まるで見えざる主に導かれているように、一糸乱れぬ無駄のない動きで葉の形を刻々と変え、乾燥に抗っていくのだ。この小さな芸術を鑑賞するには、街中のコンクリート塀の前でしゃがみこめばいい。そこにはきっとハマキゴケがあるはずだ。

ハマキゴケに霧吹きをかけてしばらく待ってみる。夏場だったらほんの数分もすれば体内の水が蒸発し、いよいよコケの乾燥への抵抗が始まる。ハマキゴケの葉の乾燥への抵抗はまず、葉の縁から始まる。葉の縁が表面を巻き込み、次第に小さな筒状の、葉巻たばこのようになってくる。この形になれば、筒の内部は乾燥しづらくなって、水が保持される。

1

2

3

4

乾いていく「ハマキゴケ」
コンクリート上によく生える。

さらに乾燥が進むと、この筒状になった葉はぐっと持ち上がっていく。葉の下部には少しでも長く水が残るようにと、最後の抵抗を試みているようだ。いよいよ乾燥がクライマックスを迎える頃には、葉と葉が密に寄り添って、すっかりコンパクトな群落になる。そして、次の水を得る機会までしばしの眠りにつくのだ。

このわずか数分の間に繰り広げられる小さなコケの乾燥への抵抗には、一つの無駄もない。まるでコケが物理の法則を知っているかの如く、その動きは理にかなっている。

葉先に白い毛が生えた「ヘラハネジレゴケ」
明るいコンクリート上によく生える。透明尖がよく目立ち、白っぽく見えることも。

小さな飾りをもつ

「ハマキゴケ」を探していると、何やら白い毛のようなものをみつけることがある。この白い毛を指でひっぱってみる。もし、するっと抜けたらそれは恐らく犬か猫の毛だ。しかし、ちゃんとコケの先から生えていたら、それは「ヘラハネジレゴケ」の葉の一部かもしれない。

この白い毛は、専門用語で「透明尖(せん)」といい、ここに乾燥から体を守る大きな秘密がある。小さなコケの葉の先にある、さらに小さな透明尖だからといって、その働きをコケにしてはいけない。透明尖を切ったコケは、透明尖があるコケと比べて、なんと、体内から失われる水の量が30％も増えたそうだ。実はこの小さな透明尖には、次に挙げるような水が失われるのを防ぐ役割がある。

透明尖の働き①「体温の上昇を防ぐ」

まず注目すべきところは、透明尖の白い色だ。葉の先にある白い透明尖は日光を効率よく反射し、コケの体温が上昇するのを防ぐ。体温が上がらなければ、それだけ体から蒸発する水の量も減るので、これは間接的に水の保持に役に立つ。

透明尖の働き②「蒸発速度を遅らせる」

透明尖は小さな蓋(ふた)としてもその威力を発揮する。コケが乾燥するとき、透明尖はさまざまな方向によじれながら、コケの個体間の隙間にぴったりと入り込む。透明尖が群落の隙間を埋めることで、群落が乾燥するスピードを遅らせているのだ。

透明尖の働き③「朝露や霧を吸収する」

さらに、透明尖は水の吸収量を増やす働きもある。「毛管現象（毛細管現象）」という言葉を聞いたことはあるだろうか。表面張力によって、細い管のなかを液体が上昇する現象である。葉の先に透明尖があることで、ほんのわずかではあるが、コケの表面積が大きくなり、雨水や霧をとらえやすくなる。この雨や霧が毛管現象でコケ本体へと運ばれ、水分の吸収に貢献している。

「体温の上昇を防ぐ」「蒸発速度を遅らせる」「朝露や霧を吸収する」……。これらの透明尖の効果は、いずれも全くないとはいえないが、決して劇的に乾燥を遅らせられるほどの効果があるようにはみえない。しかし、〝塵も積もれば山となる〟。たとえ一つ一つの効果が小さくても、それが組み合わさることでそれなりの効果が期待できるようになる。とりわけ小さなコケにとっては、ヒトからみたら取るに足らないような効果であっても、大きな意味をもつ。これは、前述の透明尖を切った実験結果が雄弁に語っているだろう。

強い光に耐える

白い色は透明尖にだけみられるものでない。コケそのものの色が白くなることもある。ギンゴケは、都市でもっとも目にするコケの一つ。ただ、場合によってはコケとは思わないかもしれない。というのも、個体によってはほとんど体全体が白色になってしまって

銀色というよりは白い？「ギンゴケ」
都市でもっとも見られる種の一つ。葉の上半分が白色になっているのが特徴。

いるためだ。もちろん、これは枯れているわけではない。光を効率よく反射するための環境適応である。光はコケの体温を上昇させて乾燥を促すが、コケに与える影響はそれだけではない。直射日光が降りそそぐところでは、太陽光の強いエネルギーはコケが処理できる容量をはるかにこえ、葉の細胞を傷つけてしまう。これは、日焼けが過ぎると皮膚がんを誘発してしまうのと似ている。そこで、ギンゴケはもっとも効率的に光を反射する白をまとうことで、自らの体を光の害から守っているのだ。

なお、ギンゴケは強光に耐えられ、おまけに乾燥にもたいへん強いことから、幅広い環境に生えており、都市から高山、さらにヒマラヤから南極にいたるまで、世界のありとあらゆるところで報告されている。日本でもっとも高いところ（富士山山頂直下）にあるコケもギンゴケだそうだ。やっとのことで登った富士山の山頂では、願わくば「ここに来なければみられない珍しいコケ」があってほしいもの。家のコンクリートブロックの上にみられるコケと同じ種類だったら、若干、拍子抜けかもしれない？

逃亡者となる

形や色を工夫して乾燥や強光に耐えるコケの適応には目をみはるものがある。しかし、それだけで生き延びられるほど、都市の環境は甘くはない。そこで一部の都市のコケがとったさらなる戦略は「逃亡者になる」ことだった。コケが逃亡者になるとは、いったい、どういう意味だろうか。

人にはいろいろな生き方がある。一つの場所にずっと住み続ける人もいれば、職業から異動が多く、各地を転々とする人もいる。同じように、コケにもいろいろなライフスタイ

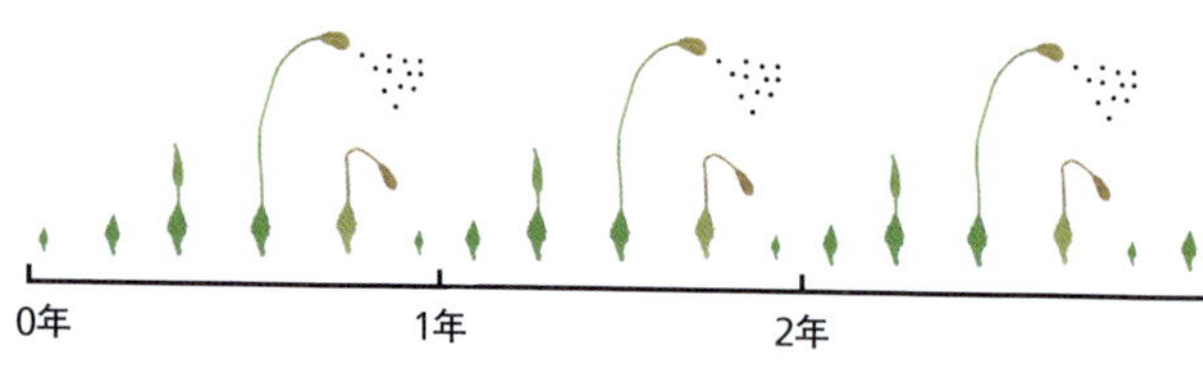

逃亡者のライフサイクル
定着から生長、胞子の散布を数か月で終えてしまう（During、1979を参考に作図）

ルがある。これをざっくり説明すれば、「不安定な環境では、コケは太く短く生き、一方、安定した環境では、細く長く生きる」といえる。このコケの生き方は大きく六つに分類されており、都市でみられる「逃亡者」はその一つである。

「都市の逃亡者」と聞くと、「木を隠すなら森、追っ手から逃げるには人の多い都市だ」というサスペンス的なイメージをしてしまうかもしれない。が、コケは決して悪いことをして逃げているわけではない。それでも「逃亡者」と呼ばれているのは、次から次へと慌ただしく移動していく様子が、逃亡者に通じるところがあるためだ。ここでは、都市や農村で広くみられる逃亡者のコケ、「ヒョウタンゴケ」の生き方を紹介しよう。その名の通り、コケの花（胞子体）がひょうたんのような形をしている。

映画やドラマにで出てくる逃亡者が、機転となみなみならぬ強い意志で追跡者から逃れているように、逃亡者のコケにも、極めて高い逃げのスキルが必要とされる。ただ、ここで必要とされる

ひょうたんのような蒴をもつ「ヒョウタンゴケ」

「逃亡者」というだけあって、毎年同じ場所に生えるわけではない。蒴がないと気がつきにくい。

スキルは、追っ手からではなく、雑草に対してである。土砂が移動したり、掘り返されたりしてむき出しになった小さな荒地に、ヒョウタンゴケは颯爽(さっそう)と侵入する。侵入するや否や、数枚の葉をつけ、瞬く間に胞子体をぐんぐん生長させ、あれよあれよという間に蒴をつけて胞子を散布する。

　そして、荒地に草が生え始める頃には、ヒョウタンゴケはすでにその短い一生を終えて、そこにはいない。その代わりに、親コケから撒かれた胞子が新しい場所で生命の営みを始めているのだ。このように、雑草から逃れるがごとく、ヒョウタンゴケは都市のスペースを次から次へと移動するのだ。「逃亡者」たるゆえんである。

なお、ヒョウタンゴケは焚火の跡に好んで生えるため、キャンプ場などでは遠くからでもわかるほどの群落があることも少なくない。戦時中、空襲で街が焼野原になったあとには、ヒョウタンゴケの大群落が広がっていたそうだ。

美しい友情

厳しい都市の環境で生きていくためには、逃げてばかりはいられない。時には助け合って立ち向かっていかなければならない状況もある。道端に生えるホソウリゴケの場合、コケの個体が寄り添ってクッションをつくり、水の保持力をあげていることを紹介した。こうした助け合いは種の垣根を越えて存在する。

木の幹のコケのマットをよく観察してみよう。遠くからみるとただの緑の塊にみえる。でも、コケに顔を近づけてみると……いろいろな種類のコケが混ざって生えていることに気がつく。糸くずのようなものから、小さなクッション、ペタンと平たいコケまで、その形も千差万別。都市の街路樹でよくみかけるのは、ヒナノハイゴケ、コゴメゴケ、コモチイトゴケ、タチヒダゴケなどだろうか。このようにいろいろな種類のコケがみられるのも、コケたちの美しい友情のおかげなのだ。

垂直の木の幹にコケの種である胞子が定着するのは難しい。運よく木の割れ目に胞子が入ったとしても、ひとたび雨が降れば、木の幹をしたたる雨水とともに下に流されていってしまう。しかし、挑戦を繰り返しているうちに、たまたま幸運に恵まれた胞子が定着することがある。こうなればしめたもの。幸運なコケは少しずつ大きくなり、晴れて木の幹にコケのマットをつくるようになる。

一旦木の幹にコケのマットができたら、このマットを足場にして次々に他のコケが侵入してくる。これは、日々の掃除からも想像しやすい。絨毯（じゅうたん）の目のなかに糸くずやほこりがくっついて掃除機でなかなか吸い取れないように、コケのマットに入った胞子はちょっとやそっとの雨や風では落ちることがない。おまけにコケのマットには適度な湿度もあり、発芽直後の乾燥に弱いコケが生き延びるうえでも都合がいい。こうしてコケのマットの恩恵に与かった新参者のコケは、すくすくと生長を続ける。そして、やがてはコケのマットにさまざまなコケがみられることになる。

でも、このコケ同士の助け合いに、どこか釈然としない人がいるかもしれない。厳しい

ヒナノハイゴケ

街路樹によく生え、とくに広葉樹を好む。コケ本体はやや暗緑色。なお、「ヒナノ」とは「小さな」の意。しかし、先端が赤みを帯びた黄色い蒴は、まるで餌をねだる鳥の雛（ひな）のよう。新鮮な蒴がみられるのは早春。

コゴメゴケ

街路樹に大きな群落をつくる糸のように細いコケ。湿潤時は緑色をしているが、乾くと白みが強くなり、雰囲気がガラッと変わる。コゴメとは「小米」のことで、蒴の形にちなむ。

コモチイトゴケ

黄緑色をしたコケで、ややツヤのある滑らかな群落をつくる。コモチとは葉腋にできる無性芽（p.123）を子にたとえて。ヒナノハイゴケやコゴメゴケと比べ、やや郊外を好んで生える傾向がある。

自然界では、ときに生物は非情である。限られた資源をめぐって、同じ種であっても容赦ない争いを繰り広げることさえある。場合によっては恩を仇で返すがごとく、先住のコケを足がかりにして、新しく入ってきたコケがはびこってしまうかもしれない。特に、樹幹のような広くもない環境では、生物同士の争いも激しく、まさに生き馬の目を抜く世界。助け合いなどという生易しいことはいっていられないはずだ、と。

しかし、樹幹のコケを見る限り、こうした争いはあまり起きていないようだ。これには、二つの理由がある。一つ目は、コケにとって樹幹の環境は厳しく、生長スピードが抑えられていることだ。地面から離れ、風や大気にさらされている樹幹は乾燥しやすい。乾燥に耐えることができるコケであっても、都市の樹幹の環境では生長が制限されがちになる。こうした環境下にあるコケは、今ある個体を維持するのがやっとで、他の個体と争って陣地を拡大するほどの余裕はないのだろう。

二つ目は、コケがほかの種と共存することで、より多くの水分を保持できるようになることだ。コケのマットに別のコケが生えると、相乗効果でより目のつまったコケのマットになる。目の粗いスカスカしたマットに比べ、ぎゅっと目のつまったマットはより多くの水を保持することができる。つまり、他のコケと一緒に生えることで、既存のコケにも利

外国からやってきた「コモチネジレゴケ」

コケには珍しい外来種のコケ。原産地はオーストラリアと考えられており、国内でも分布を拡大しつつある。茎の先端につけた無性芽で増える。

ストライプの帽子をかぶった「タチヒダゴケ」

都市〜農村にかけて広く分布し、樹幹で小さなクッション状の群落をつくる。縦襞のついた帽がよく似合う。乾いても縮れない。

益があるといえよう。厳しい都市だからこそ、コケたちは種の垣根を越えて助け合って必死に生きている。街路樹をおおう小さな緑のマットには、ひそかに美しい助け合いに満ちていたのだ。

コケはどこにある?

この本の読者は都市に住んでいる方も多いだろう。ならば家の近く、すなわち都市で多くのコケを観察したいと思っているはずだ。では、都市ではどこに行けば多くのコケをみられるのか。私は偶然、これを知るための方法を発見した。まずはこの経緯を説明してから本題にうつろう。

私が通っていた大学は市街地にあり、学生時代は調査のしやすさも考えて、都市のコケを研究対象にしていた。何年にもわたって都市のコケをみているうちに、あるとき、不思議な勘を身につけていることに気がついた。都市の緑地を少し歩くだけで、その緑地にどのくらいの数のコケが生えているかわかってしまうのだ。珍しい勘だとは思うが、だからといって何か得になることがあるわけでもない。むしろ残念な類のものなのかもしれない。「僕は緑地を歩くだけで、ここに何種類コケが生えているかわかるんだ」などとうっかり口に出したら、まわりからは変わり者扱いされてしまう。

そうはいっても、せっかく身につけたこの特殊な勘をなかったことにするのも、どこか口惜しい。そこで、この能力を少しでも社会の役にたてるため、私はこの勘の源を探ることにした。そこでわかったのは、私はどうやらあるタイプのコケを指標にして、「このコケがあったら、この緑地には50種くらいのコケが、ついでにこのコケもあったら30種上乗せして80種くらいのコケが生えているだろう」と無意識のうちに換算していたということだった。さらに、指標としてみているコケには共通点もあった。いずれも扇のようにふわっとした形をしていたり、木の枝からぶらりと垂れ下がっていたりするなど、湿ったところに出現するタイプのコケだったのだ。

ここで、コケの形と環境との関係について考えてみよう。例えば、いま紹介した扇形のコケはどんな環境に生えやすいだろうか。前提として、植物であるコケは光合成をしてエネルギーを得なければならない。しかし、暗い森の中では光を十分に受け取れない。効率よく光を受け取るためには、平たい扇のような形になって面積を広くするのが理想的だ。ただし、どんな環境でもこの形になれるわけではない。平たくなればなるほど、まわりの環境と接する面積も広くなり、乾燥に弱くなってしまうためだ。以上の関係を考慮すると、扇形のコケがみられるのは、暗くしっとりとした森に限られることになる。このように、コケの形は、光・水環境と密接な関係がある。

さて、これまで説明してきたように、いくらコケが耐えられるといっても、都市の厳しい乾燥は、多くのコケの生育を阻む要因となる。しかし、都市であっても面積が広かったり、大木があったり、小川が流れているなどして、乾燥化が軽減されている緑地もある。こうした緑地では、扇形のコケを含むさまざまなコケがみられる。そこで、コケの形に注目して緑地環境とコケとの関係を整理してみると、「①扇形のコケが分布する緑地」→「②乾燥が軽減されて、しっとりとしている緑地」→「③湿度が高いため、多くのコケが生育している緑地」となる。この関係を利用して①と③の関係を数式でつなげば、コケの形をみるだけで、緑地全体で何種くらいのコケがあるのか見当がつくことになる。これが私の勘の正体だったのだ。

なお、この結果を少し広い視点からみると、そこに秘められた重要な意味もみえてくる。現在、都市では乾燥化の影響で多くの生物が減少している。そのため、乾燥化が軽減されている緑地を把握し、そこに分布する生物を重点的に保全することが必要とされている。ただ、この乾燥化の程度を把握するというのが、簡単そうにみえて実はなかなか難しい。

ふんわりと扇のような形をした「コハネゴケ」
柔らかい緑色をしたコハネゴケはタイ類の一種。扇のように平面的に広がった形（生育形）をもつ。こうした形をしたコケは、暗く湿った環境を好むことが多い。

湿度は季節によって、また一日のなかでも大きく変化するため、ある程度の期間にわたって湿度を測定しないと、乾燥化の程度を評価できない。そこで登場するのが「コケの形」なのだ。例えば、扇形のコケがあれば、その緑地はコケが生育している期間を通して（＝数年を通して）、乾燥化の影響を強く受けていないと評価することができよう。このように、コケの形が都市の乾燥化の程度を簡易に評価するための指標となり、都市の

葉に小さなシワのある「エゾヒラゴケ」
やや光沢があり、横に広がった平面的な形が特徴。

生物を守るために重要な場所さえも教えてくれるのだ。
日常の小さな発見には、思いがけない意味が隠れていることがある。役に立たないと思われているものでも、価値がないわけではない。活躍すべき場面と結びついていないだけなのだ。ここで紹介した、変わり者扱いされてしまいそうな勘でさえ、ちょっと視点を変えるだけで、「都市の生物保全計画へのヒント」へと化けてしまうのだから。

小話2

戦国武将がみたコケ

ひそかに歴史が好きな私が一押しする戦国武将の一人に、高橋紹運（じょううん）がいる。戦国時代に豊後（大分県あたり）を支配していた大友義鎮（よししげ）（宗麟）に仕えていた武将である。宗麟は薩摩（鹿児島県）を本拠地とする島津義久に押されつつあったが、あるとき、島津軍が九州制圧を目指して北上を開始し、いよいよ大友家は存亡の機を迎えることになる。これを救ったのが紹運だ。大友家を守るため、紹運はわずか八百名足らずの兵で岩屋城（大分県）に籠城し、二万とも三万ともいわれる島津の軍勢と半月近くも交戦する。

しかし、衆寡（しゅうか）敵せず、紹運をはじめとして籠城した兵は一人残らず戦場に散っていったという。ただ、紹運の活躍で島津軍が足止めされているうちに、大友家と同盟関係にあった豊臣秀吉による援軍が九州に到着し、島津軍はそれ以上の北上を断念することになった。結果として、自らの身を犠牲にすることで、紹運は大友家を守ることに成功したのだった。この紹運の辞世の句にはコケが使われている。

端峯院（京都市北区大徳寺境内）
高橋紹運の主君であった大友宗麟の菩提寺。境内の枯山水も見ごたえがある。

屍をば岩屋の苔に埋みてぞ
雲井の空に名を止むべき

現代語訳：岩屋城で討ち死にしてこそ、私は武将としての名を残すことができる

「苔の下に埋められる」というのは、正式な埋葬をされない、つまり、戦場で散るときなどに用いられる表現である。高橋紹運は優れた武将で、討ち死にさせるには口惜しく、島津軍から何度も降伏を勧められていたそうだ。しかし、紹運はその勧告を丁寧に断った。「苔に埋みてぞ」を使ったこの辞世の句からも、その覚悟がありありと伝わってくる。玉砕を念頭に戦場を駆け巡った紹運の目に、岩屋城のコケはどのように映っていたのだろうか。

コケの上に舞い落ちた桜

鮮緑色のコケと薄紅色のサクラ。春のわずかな期間にのみ楽しめる美の競演だ。

また、次の章で紹介するが、コケが生すまでには時間がかかることから、苔を用いた表現には悠久の時間を表すものがある。この時間の極限にあるものが死といえる。この世に生を受けたもの全てが長い時間をかけて辿り着く場所こそが、死後の世界なのだ。

ちなみに、ぱっと咲いてぱっと散る桜は、その潔い姿から、理想的な死を連想させる植物として知られている。地味なコケと華やかな桜。この見かけは相反する二つの植物が、日本の文化のなかでともに死に関連していることは、とても興味深い。

庭園の章

コケが醸し出す「わび・さび」の風情

大人になるとわかるコケの美しさ

コケの研究をしていると話すと、「子供の頃からコケが好きだったんですか?」と聞かれることがある。思い起こせば、子供のときはあまりコケを意識したことがなかった。「コケには維管束がなく、胞子でふえる」ことをまるで呪文のように暗記したくらいである。でも、年を重ねるごとにコケの魅力がわかってくるようになったのは確かだ。まわりに話を聞いても、同じ道をたどっている人が少なくない。コケの同好会のなかでは、30~40代ではまだまだ小童だ。

聞くところによれば、人は自らの経験によって、美的センスや好みを育んでいくらしい。これは、子供の頃はブラックコーヒーが飲めなかったのに、年を重ねるにつれておいしく感じるようになる過程に似ている。この嗜好の変化は「経験による学習」によって説明される。食べ物の味は「甘味」「塩味」「うま味」「酸味」「苦味」「脂味」の六つで構成されている。ただ、苦みがある食品(植物)には毒が含まれていることが多い。そのため、ヒトは本能的には苦みがあるものは避けているようだ。しかし、食経験を積んでいくなかで嗜好も成熟し、苦みのおいしさがわかるようになる。この説に基づけば、苦みのあるコーヒーがおいしいと思えるのは、味覚が成熟した証拠ともいえるだろう(もちろん、これには個人の好みが影響する)。

　同じように考えてみると、コケの魅力がわかるようになったのは、大人になるにつれてある種の美的センスが成熟し、コケの美しさを感じとれるようになったからではないか。子供のときは、わび・さびを感じてしみじみしているより、楽しくワイワイ過ごすほうが心身にとって何かと都合がよさそうだ。この、年を重ねるとともに熟成する、コケを愛でる美的センスがもっとも研ぎ澄まされる文化……それこそが日本文化なのだ。

　こうしたコケの美を愛でる日本文化の真髄は、ことわざの解釈にもみられる。コケがでてくる有名なことわざとして「転石苔生さず」がある。これは、転がっている石にはコケが生えないように、世の中にあわせて行動をコロコロと変えている人は結局は成功しない、という意味だ。ここでは暗黙の了解で「コケが生す」＝「成功する」の関係があり、コケが生すことが好意的にとらえられている。

　ところが、英語圏の「Rolling stone gathers no moss.（転がる石にコケは生えない）」という同じ表現のことわざは、違う意味で用いられている。このことわざはアメリカでは「世の中にあわせて行動しないと乗り遅れてしまう」ことを指すという。つまり、「コケが生す」＝「時流に乗り遅れる」と、悪い意味でコケがとらえられているのだ。

庭石を一面にびっしりと覆うコケ（しょうざん庭園、京都市北区）
庭石にコケを生やすため、造園屋さんによっては秘伝の方法（?）があることも。

ただ、同じ英語圏でもイギリスではこのことわざの意味は日本の意味に近く「すぐに仕事などを変えるような人は信用ならない」となるそうだ。日本とイギリス。島国だったり、王室があったり……なんとなく共通点をみてしまうのは私だけだろうか。いずれにしても、こうしたことわざの解釈からも、日本の文化のなかでコケが大切に扱われている様子がうかがえる。

コケの生すまで

日本人とコケとの関わりは深

く長い。これほど文化的にコケと関わっている国は、ほかにはないといってもいい。「君が代は　千代に八千代に　さざれ石の　巌（いわお）となりて　苔のむすまで」と、国歌にまでコケが登場するのは、世界広しといえども日本だけである。

しかし、いつから日本人がコケの存在に意味を見出したり、コケ生す情景を愛でたりするようになったかはよくわかっていない。ただ、最も古い和歌集の一つである『万葉集』にはコケが詠まれた和歌が12首あることから、万葉の時代には、コケの存在に関心がもたれていた様子がうかがえる。なお、『万葉集』のこの12首の和歌のうち、10首は「苔むす」という組み合わせで用いられ、いずれも「悠久の時間の流れ」の意で使われている。おそらく当時の人々は、コケ生す風景に「悠久の時間」を感じていたのだろう。あのヤマタノオロチの背には、杉と檜（ひのき）とともに「コケ」が生えていたという（ヤマタノオロチとは日本神話に登場する伝説の生物で、8つの頭と8本の尾をもつ竜のような生物のことだ）。ここにコケの描写があるのも、ヤマタノオロチが太古の昔から生きていたことを暗に示しているのだろう。

しかし、コケに見出される意味は同じではなく、時代を経るにつれ、さまざまに変遷していく。例えば平安時代には、コケは「苔の衣」「苔の庵（いおり）」などの組み合わせで僧侶や隠

コケの衣をまとった石仏

石仏がコケの衣服をまとっているが、コケの衣はこういう意味ではない。

者の衣服や住まいを指し、さらには「苔の下」でコケの生えた地面の下、つまり、死後の世界を暗示する表現としても使われていた。もちろん僧侶の衣服や住居がコケでつくられていたわけではない。華やかな都の中心から離れた物寂しい郊外でコケがよくみられることや、コケの飾り気のない姿などが、たまたま僧侶や隠者のイメージに重なったに過ぎない。また、人が亡くなり埋葬されて長い時間がたつと、訪れる人も少なくなり、やがて墓地はコケに覆われるようになる。こうした事情も相まって、「苔の下」が死後の世界へとつながっていったのだろう。これらの表現は現代の生活では使われてはいない。しかし、いずれも現代の我々にとってもすんなりと納得でき

風情あるコケの庵
都からはなれた、ひなびた里にあった庵（住居）は、文字通りコケに覆われていたのだろう。

るのは興味深い。時代が大きく変わった今も、コケを感じとる感性は変わらないようだ。

庭園の主役

「苔の衣」などの言葉を用いなくなった現代の人々にとって、もっともコケを身近に感じるのはいつだろうか。おそらく「日本庭園（＝コケ庭）」を訪れたときではないだろうか。

わび・さびの風情を醸し出す日本庭園においては、いつもはコケにされがちのコケが

龍潭寺（滋賀県彦根市）

枯山水庭園。白砂で大海を、大きな庭石で険しい山を、その周りのコケは島を表している。本寺は日本の造園学の発祥の地とされている。

主役級の存在感をみせる。しかし今でこそ、庭園になくてはならないコケではあるが、日本庭園ではもともとコケは使われていなかったらしい。苔寺として世界的に有名な西芳寺（京都）でさえ、作庭当初は白砂の広がる庭だったようだ。しかし、室町時代の応仁の乱の後に寺が荒廃し、いつしか庭園が広くコケに覆われるようになったとされる。今では「苔寺」とよばれ、コケが西芳寺の代名詞にもなっている。

こうした趣向の変化には、日本文化の変遷が深く関わっている。何にでも流行りすたりがあるように、文化も時代ごとに大きく変化する。この流れを大まかにみると、『源氏物語』の世界でみられるような平安

永源寺（滋賀県東近江市）
紅葉の美しさで知られる古刹。秋の夕日に照らされた枯山水庭園は古色蒼然として、何とも言えないわび・さびの風情が漂っていた。

清水園（新潟県新発田市）
江戸時代に大名がつくった庭園のひとつ（大名庭園）。大名庭園には園内をぐるりとまわって鑑賞するタイプ（回遊式庭園）が多い。

時代の華やかな貴族の文化から、鎌倉時代の素朴で力強い武家の文化。そして室町時代の禅の精神をとりいれた文化へと移り変わっていく。庭園もこうした文化の変化に呼応して豪勢な貴族の庭園から、実用的で質素な武家の庭園、禅のための庭へと流行が変化していった。そして風情を追求した庭園として登場したのが「コケ庭」だったのだ。

しっとりとした色合い

庭でコケが大切に扱われているのも、その美しさが和の文化の美意識、「わび・さび」を見事に体現しているためだ。コケほどわび・さびの風情にぴったりの植物はほかにはない、といってもいい。ではなぜ、コケがわび・さびの風情を醸し出すのだろう？

「わび」「さび」は、本来は別の意味の二つの言葉である。わびは「侘びしさ」からきており、転じて「十分でないもの・不足しているもののなかに見出す美しさ」を表す。その一方、さびは「寂しさ」に由来し、「ひっそりと寂しいもののなかに見出す美しさ」につながっている。この二つが組み合わさった「わび・さび」は、静寂さや質素なもののなかに美しさを見出す美意識、とされる。静かで質素なものがもつ美しさ……これは小さくて花もないために目立たず、しかし透き通るような美しさをもつコケの印象そのものではないだろうか。

　さらに、コケは庭園にわび・さびの風情を添えるだけではない。コケのしっとりとした色合いには、間接的に庭園の美しさをひきたてる効果もある。コケの上に、春には桜が、夏には白い沙羅双樹（夏椿）が、秋には深紅の紅葉が舞い落ち、冬には真っ白な雪が覆う。コケの緑が季節の移ろいを鮮やかに引き立て、庭園の四季をより美しくみせてくれる。

静寂が支配する庭園、小雨の高桐院（京都市北区）
びっしりと地面を覆うコケをみると、それだけでピンと張りつめた空気が想像できてしまう。

静寂を生みだす

わび・さびの美を考えるとき、視覚だけでなく、聴覚も重要だ。静寂に支配されてこその風情あふれる庭園である。いかに景観がすぐれていようが、雑音がたえず聞こえてくるような庭園では興ざめだろう。この点においても、コケ庭は、まさにわび・さびの美を表現するのにぴったりなのだ。

コケ庭のイメージを音で表すと、どうなるだろう。森ならば木の葉が風に吹かれてたてる「カサカサ」という葉擦れ音、小川ならば「サラサラ」という水のせせらぎが思い浮かぶだろう。しかし、コケ庭には音のイメージがない。あえていうならば、「シーン」という、静寂を音で表したものだろうか。

そう、コケ庭は無音なのだ。これは小さなコケが音をたてる姿が想像しづらいこともあるだろうが、それだけではない。コケが音を吸収しているのである。ある研究によれば、塗料でコーティングされている平坦な建材と比べて、コケ地のように表面に小さな凹凸（おうとつ）があるものは、吸音効果が極めて高く、雑音を吸収することが報告されている。周囲が樹木で囲まれ、ただでさえ街の喧騒から隔離されているコケ庭。さらにコケが音を吸収することで、どこまでも静寂が支配していくのだ。わび・さびの風情だけでなく、静寂までつくりだしてしまうコケは、やはり庭との相性が抜群にいい。

コケのオアシス

コケが景観をつくっている日本庭園。一見してコケが多そうだが、ではどのくらいの種が生えているのだろうか。庭園の規模などによって多少の差はあるが、大きな庭園では100種以上のコケがみられることも少なくない。一体なぜ、このように多くのコケが庭

変化に富む日本庭園　箱根美術館（神奈川県足柄下郡箱根町）
庭園内の小川や庭石、樹林、通路……。これらの多様な環境はコケの多様性を高めている。

に生えているのだろうか。その秘密は庭のデザインと管理にある。

庭園では、大自然の風景をミニチュアで表現するデザイン技法、「縮景」が好んで用いられる。例えば、大きな石を置いて山を表したり、池をつくって海を表したりするなどして、庭をキャンバスにして大自然を表す。そのため小さな空間であっても、庭はさまざまに環境が変化する。

これらは人間にとっては些細な変化であっても、小さな

深山に広がるコケ筵（むしろ）
昔も今も、コケのじゅうたんに美しさを見出す感性は変わらないようだ。

コケにとっては分布を決定するほどの要因にもなりうる。例えば、庭園の小さな築山は、コケにとっては大きな丘にみえるはずだ。丘の上では生えることはできても下では生育できないことや、その逆もあるだろう。庭園のデザインによってつくられた多様な環境が、コケの豊かさにつながっているのだ。

さらに、庭園ではその景観を維持するため、草むしりや落ち葉かきなど、きめ細やかな管理がなされている。こうした管理は雑草や落ち葉によってコケが覆い隠されてしまうことを防ぎ、コケの維持に貢献している。庭のコケの美しさの裏には、日々のたゆまぬ管理があるのだ。

庭園デザインと日々の細やかな管理の恩恵をうけ、多様なコケが生える庭園。深い緑からくすんだ緑、黄緑、赤みがかった緑……。さまざまな緑が織りなすコケのじゅうたんは繊細で、美しい。なお、『万葉集』にあるコケの和歌12首のうち、1首はコケのじゅうたんの美しさを詠んでいる。コケのじゅうたんを愛でる感性は、きっと日本文化の美意識の根底に深く関わっているのだろう。

み吉野の青根が峰(たけ)の蘿蓆(こけむしろ)誰か織りけむ経緯(たてぬき)なしに　（『万葉集』作者不明　1120）

（現代語訳：吉野の青根が峰には苔が一面に生えている。まるで苔で作られた敷物のようだ。縦糸横糸の区別もない、美しい苔の敷物。いったい誰が織ったのだろう）

小さなコケのドラマ

コケ庭の美しさを「いつもの目線で」堪能したあとは、少しだけ目線を低くして、コケ

コケ庭の雄といえば「ウマスギゴケ」

帽に生える毛をウマのタテガミにみたてて。野外では、冷涼な地域の湿原で大きな群落をつくる。

の世界に足を踏み入れてみよう。

庭園のコケといえば、スギゴケ。教科書では「セン類」の代表として登場することもあるおなじみのコケだ。余談になるが、庭園のスギゴケは本当のスギゴケではなく、多くの場合、ウマスギゴケ、あるいはオオスギゴケのことを指す。本当のスギゴケはやや寒い地方に分布し、庭園ではなかなかみられない。ここでは、庭園の主役「ウマスギゴケ」に注目して、小さなコケ

ウマスギゴケの雄（雄花盤）

ウマスギゴケの雌（帽のある蒴）

のドラマを紹介する。

シーン① ささやかな出逢い

人に男女があるように、コケにも男性（雄株）と女性（雌株）がある。ウマスギゴケの場合、一見するとどちらが雄か雌かわかりづらいが、一年のなかでこの違いが顕著になることがある。それはウマスギゴケが繁殖する春～初夏である。

雄株の先端には、造精器などが集まって花のような形になった「雄花盤」がつき、一方、無事に受精が行われた雌株では胞子体の生長が始まる。そのため、雄花盤と胞子体をみれば、ひとめでウマスギゴケの雄と雌の分布がわかるというわけだ。この分布から、庭園で繰り広げられるちょっぴり切ないコケの出逢いがみえてくる。

自由に行動できる動物とは異なり、植物は、そう簡単には異性と出逢えない。コケの進化のところで紹介したが、コケ

雄だけの集団になってしまった、ちょっと切ないウマスギゴケ

先端のやや黄色いものが雄器盤。勢いよく雄花盤をつけて受精への意気込みが感じられるが……。この集団には今年は出逢いはなさそうだ。

は精子が水をつたって雌の卵細胞までたどり着くことで、初めて受精が行われる。だが、こうした受精の方法はすこぶる効率が悪い。雄株と雌株が水を介してつながることなんて、大雨のときくらいしかない。

そこで、コケはさまざまな工夫をして受精効率を高めてきた。ウマスギゴケの場合、精子が泳ぐ距離を少しだけ縮める仕組みをもっている。その仕組みは、カップのような形をした雄株にある。水面に水滴が落ちると周囲に水がはねかえるように、雄株の上に落ちた雨粒も周囲へと跳ね返る。雄株はこの跳ね返った水に精子をのせ、周囲へとばらまくのだ。

ただ、こうした工夫があっても、精子が移動できる距離はせいぜい数～数十㎝程度。この距離を超えたら、たとえ受精可能な雄と雌がいたとしても、出逢うことはできない。そう、雄の熱い思いはわずか数十㎝の距離さえ超えられないのだ。

さて、コケの雄株・雌株の違いに注目して庭園のコケをじっくりみると、雄花盤だけの集団がみつかることもある。周囲をみわたしても、胞子体をつけた個体、つまり雌株はない。残念ながら、これらは出逢いがなかった雄株たちだ。雄花盤をつけて、出逢いを期待して待ってはみたものの、その機会は訪れなかったのだろう。いつの日か風にのってやってきた雌株と運命的な出逢いがありますように。その一方、ほんのわずか数メートル離れたところでは、雄株と雌株が混在しているものもある。おめでとう。これらはわずかなチャンスをものにして、無事に受精できたコケたちだ。春が終わる頃には胞子が散布され、次世代へとバトンがつながっていく。自由に動けないコケにとって、異性との出逢いはハードルが高い。だからこそ、そこにドラマが生まれるのだ。

カールのような葉が特徴の「ハイゴケ」
明るい環境を好み、都市から山地にかけて広く分布する。やや黄緑色をしており、乾いてもほとんど形は変わらない。

シーン② vs.ハイゴケ

庭園のウマスギゴケをよくみると、何やら毛糸のようなコケが混ざって生えていることが多い。ウマスギゴケのライバル「ハイゴケ」である。ウマスギゴケあるところにハイゴケあり、といってもいい。しかも、ハイゴケは乾燥に大変強く、ウマスギゴケが枯れてしまうようなカラカラの場所にも生育することができる。強い日射に照らされる屋上の緑化にも使われるほどだ。

ハイゴケとウマスギゴケの熾烈な争い

今まさにウマスギゴケがハイゴケに埋もれようとしている。この決着がつく日はそう遠くないだろう。

このたくましい生存能力に加え、ハイゴケにはとっておきの武器もある。カマのような形をした「葉」だ。この葉をフックのようにしてウマスギゴケにひっかけ、ハイゴケはその上に這いかぶさっていく。いくら背の高いウマスギゴケでも、よじのぼってくるハイゴケには抵抗できない。じわじわと、しかし確実にハイゴケはウマスギゴケの陣地を奪っていく。ハイゴケの群落をよくみると、ぽつぽつとウマスギゴケが間に生えてい

ハイゴケによる美しい景色　曼殊院門跡（京都市左京区）
一面にハイゴケが生した景観もなかなか見ごたえがある。

ることがある。これはハイゴケの猛攻にウマスギゴケが屈し、いままさに命運がつきんとするところなのだ。

庭園の雄であるさすがのウマスギゴケも、このハイゴケの攻めに対しては為すすべもない。座して天命を待つのみである。しかし、このピンチにウマスギゴケの強力な援軍が登場する。庭の管理人さんだ。コケ庭ではスギゴケ類は絶対的な存在であり、ハイゴケに覆われていくことを管理人さんがみすみす見過ごすはずがない。ハイゴケは雑草のごとく取り除かれ、ウマスギゴケに平和が訪れる。

庭園では何かと目の敵にされがちなハイゴケではあるが、個人的にはもっと評価されていいと考えている。コケ庭にはコケがあって、なんぼ。「枯れ木も山の賑わい」というように、茶色の地面が露出しているよりは、スギゴケ類でなくともコケの緑で覆われているほうがよっぽど美しい。庭園でも日当たりがいいなどの理由で乾燥が厳しく、ウマスギゴケがなかなかきれいに生えそろわないところがある。そんな悪環境でさえ、ハイゴケはしっかりと大地を覆い、庭の景観維持に大きく貢献しているのだから。

シーン③　協定を結ぶ

ウマスギゴケがハイゴケと熾烈な陣取り合戦を行う一方で、オオスギゴケと争いをおこすことはほとんどない。まるで停戦協定を結んでいるかのごとく、この両者は巧みに住み分けている。

オオスギゴケはウマスギゴケと見た目がほとんど変わらず、野外でこの2種を見分けるのは難しい。ただ、生えている環境に注目すると、かなりの確率で見分けることができる。光環境である。ウマスギゴケが開けた明るい環境を好むのに対し、オオスギゴケは森林の

森の中を好んで生える「オオスギゴケ」
ウマスギゴケよりやや優しい緑色をしている。ただ、この違いを見分けるには慣れが必要。

ウマスギゴケとオオスギゴケ（無鄰庵、京都市左京区）
この写真には、ウマスギゴケとオオスギゴケが写っている。この両者を見分けられるだろうか？ 正解は、木の下がオオスギゴケ、遠路沿いがウマスギゴケ。

なかのような暗い環境を好む。そのため、明るいところに生えていればウマスギゴケ、暗いところに生えていればオオスギゴケと考えていい。

シーン④　禁断の地

ときにハイゴケと争い、オオスギゴケと住み分け、庭園のいたるところで陣取り合戦を繰り広げるウマスギゴケ。しかし、光・水条件が整っていたとしても、どうしても生えられないお手上げの場所がある。そこに足を踏み入れたら最期。あっという間に茶色くなって枯れてしまう。まさにウマスギゴケが絶対に足をふみいれてはいけない禁断の地。そんな恐ろしいところが一体、庭園のどこに？

その場所とは、銅ぶき屋根のすぐ真下だ。銅を伝って流れてくる雨水には、大量の銅が含まれている。ヒトが過剰の銅を摂取すれば健康を害するように、大量の銅イオンはコケさえも枯らしてしまうのだ。

しかし、蓼食う虫も好き好き。この禁断の地に好んで生える変わり者のコケがある。ホンモンジゴケ。別名「ドウゴケ（銅苔）」とよばれている。ちなみにホンモンジとは、東京の池上本門寺で最初に発見されたことに由来する。このコケは、体に銅を高濃度でため込

銅があるところに生える「ホンモンジゴケ」
ややくすんだ黄緑色の群落をつくる。ハトなどの足にくっついて分布を広げているとも。

むことで知られており、記録によれば、ホンモンジゴケの乾燥重量の約2%が銅であったこともあるそうだ。銅はヒトが生きていくためにも必要な元素だが、体重比でわずか0・0001%ほど。人間の体を構成している元素のなかで、ホンモンジゴケの銅に匹敵するものとしては、骨の主成分になるカルシウムあたりだろうか(約1・4%)。ヒトにたとえるならば、ホンモンジゴケは骨が銅でできているようなものだ。

なぜ、ホンモンジゴケは過剰な銅のあるところに生えることができるのだろうか。この耐性メカニズムは完全には解明されてはいない。だが、どうやらほかの生物と同様に、ホンモンジゴケにとっても高濃度の銅は有害らしい。そこでホンモンジゴケは、銅を細胞壁に閉じ込めることで、無害化しているようなのだ。ここから考えると、ホンモンジゴケは本来、銅の多い場所に好んで生育していたわけではなかったのだろう。他の植物との競争に負けて、銅に汚染された環境にまで追いやられてしまったとみえる。そこでほそぼそと暮らしているうちに、ついには高濃度の銅を細胞壁にため込み、無害化する能力を手に入れたのだ。

生物は、ときに一つの方向に顕著に進化する。体が数十メートルほどまでに大きくなった恐竜、巨大な角をもつオオツノジカ、体高の半分ほどの長さの首をもつキリンなど。こうした傾向は「自然選択説」によって説明できる。

例えば、マンモスの長い牙(きば)は生活する上では実用的ではなかったが、異性へのアピールとしては有効であった。そのため、長い牙をもつ個体の遺伝子が受け継がれ、牙はどんどん長くなっていった。ホンモンジゴケに関しては、銅を無害化する能力が強い個体が選択され、銅を細胞壁に蓄積する能力が磨かれてきたのだろう。その結果、銅イオンが低い環境では、生命活動に必要な銅までもが細胞壁に蓄積されて利用できなくなってしまい、今では銅で汚染された場所でしか生えられなくなってしまったのではないだろうか。

少々複雑な過去をもっていそうなホンモンジゴケではあるが、振り返ってみれば、これまで歩んできた道は正しかったのかもしれない。今や、銅で汚染された場所には木も草もウマスギゴケもハイゴケもオオスギゴケも入ってこられない。ここはホンモンジゴケの、独擅場なのだから。

コケ庭の原風景

最後に、少しだけコケ庭に関する持論を述べてこの章の終わりとしたい。

コケ庭のコケというと、まず浮かぶのが、本章の主役のスギゴケ類だ。コケ庭の紹介ではトップを飾ることも多い。では、コケ庭はもともとウマスギゴケがメインだったかというと、私はそう考えてはいない。

なぜか。コケ庭文化の中心地である京都の庭をみても、全国の庭をみても、歴史あるコケ庭で作庭当初からウマスギゴケが広がっていた可能性は低いためだ。コケ庭といえば名前が上がる京都西山の西芳寺も、嵐山の祇王寺も、大原の三千院門跡も、いずれも植栽場所を除いてはウマスギゴケは庭のごく一部を覆っているにすぎない。代わりに庭を覆っているのは、自然に生えてきた雑多なコケの集団（地ゴケ）である。では、なぜウマスギゴケが庭の代表的なコケになったのだろう？　この理由は定かではないが、おそらく、栽培しやすく、見栄えがいいためだろう。

ウマスギゴケのコケ庭は、確かに美しい。しかし、形が整いすぎているからであろうか。ウマスギゴケが一面に覆っている庭は、整然としすぎているように感じることがある。そのため、幾何学模様を描くなど、端正なデザインを前面に押し出したいときにはウマスギゴケが適しているといえよう。また、ウマスギゴケには熱狂的なファンもいて、「ウマスギゴケだけで庭一面を覆いたい」という需要が多いのは確かだ。しかし、使用するコケの種類に特別のこだわりがなく、より自然に、わび・さびの風情を出すためには、さまざまな地ゴケを利用したほうがいいだろう。

ここまで紹介してきた事例からわかるように、コケ庭は本来、自然に入ってきたコケに美しさを見出し、これらを上手に活用してつくり上げられたものだと考えられる。このコケ庭の本来の姿（原風景）を念頭に置くのであれば、必要に応じてウマスギゴケなどを植栽しつつ、自然に侵入する地コケと調和をとりながら、景観を整えていくほうがコケ庭の

東福寺（京都市東山区）
コケと石で描いた市松模様がモダン。コケで模様を描くデザインの代表格。

祇王寺（京都市右京区）
京都・嵐山の古刹。庭園に生えているのは主にヒノキゴケやオオスギゴケなど。

西芳寺（京都市西京区）

美しいコケ庭で世界的にも知られており、別名苔寺。庭園には120種ほどのコケが生育している。

秋の西芳寺

夕日を受けたコケ庭はまるでライトアップされているかのよう。

三千院門跡（京都市左京区）
京都市街地からやや離れた大原にある。コケに埋もれたお地蔵さまも必見。

本来の姿に近い。
　最近は、コケ庭管理の指導などを依頼される機会も多くなった。そのとき、私はこの「コケ庭の原風景論」に沿って、適材適所にコケを配置し、自然になじむような管理方針を提案することにしている。「ウマスギゴケをメインにした端正なコケ庭」と「地ゴケ主体のわび・さびの風情あふれるコケ庭」。あなたはどちらの庭が好みだろうか？

小話3

神社のコケ

寺院のコケを紹介したからには、神社のコケにも触れなければなるまい。

コケ庭というとお寺のイメージが強いのも、コケ庭の起源が禅の思想と関連しているからだろう。禅の修行は深山幽谷の大自然のなかで行うことが望ましい。しかし、毎日山奥まで行って修行をすることはあまり現実的ではない。そこで、庭に大自然の風景をつくり、この風景に対峙することで精神を集中させる方法がとられるようになった。

とくに禅宗の庭では、水を用いず、砂や石を利用して川や滝を表す庭園技法「枯山水」が好んで用いられる。この枯山水は精神を研ぎ澄ませるのにも都合がいい。庭を前にして坐禅を組み、心の目で枯山水に大自然をみる。砂や石から川や滝を想像し、大きな岩の塊を仙人の住む山々と見立て、コケの緑をどこまでも続く深い森とみなす……。想像力を羽ば

神社の古木

たかせながら、精神世界へと深く入っていくのだ。かくして、禅の修行と枯山水庭園とが密接に結びつき、多くの禅寺で美しいコケ庭がみられる。

その一方、神の御社である神社はうっそうとした森に覆われ、コケ庭との結び付きは強くはない。しかし、神社ならではのコケの名所もある。

まずは神社の大木。とくに大木はご神木として神聖視されている。以前、神社林の意義を生物保全の視点から考えるために、神社の木の太さとコケとの関係を調べたことがあった。結果をかいつまんでいえば、木が太くなればなるほど、そこでみられるコケの種類も増える。これは（1）木が太くなることで、コケが生える面積が増えること、（2）樹齢を重ねることで、樹皮の形状や化学的な性質が変化し、より多くのコケが生育しやすい環境になること、（3）以前は広く分布していたが今はほとんど見られなくなってしまった種が、大木にはまだ残っていること、などの理由で説明される。神社の森は、コケにとってもありがたい存在のようだ。

もう一つの神社ならではのコケの見どころは、狛犬（こまいぬ）である。ただ、これは生物学とは全く無関係で、完全に私の趣味だ。神社にいくと、コケよりも懸命に狛犬を探しており、もはや何の研究をしているのかわからない。

私が狛犬に目覚めたきっかけは、とある神社で以前、飼っていた愛犬（マルチーズ）に似た狛犬を見つけたことに始まる。その狛犬の体躯が小型犬のようであり、おまけに全身が毛のようなコケに見事に覆われていた。このようにコケに覆われて、あたかも本物の犬のようにみえるものを私は「苔狛犬」と名付け、全国の分布を調査している。

苔狛犬はただコケが生えていればいいというわけではない。生え方も重要なのだ。犬という名前があるからには、やはり毛並みのように美しくコケが生えそろっていなければならない。この調査の成果が日の目をみることが果たして来るのだろうか。

苔狛犬（福井県）
小さな体躯とコモチイトゴケの生え方がマルチーズらしさを醸し出す。

苔狛犬（福岡県）
頭のてっぺんに生えたコケとノキシノブ（シダ）がいい雰囲気を出している。

農村の章

のどかな土地の熾烈な戦い

次の舞台は農村だ。都市と比べて農地や森も多く、いたるところが緑で覆われている。のどかな農村では緑も豊かで、コケたちもきっと平和に暮らしているに違いない……と思いきや、そういうわけではなさそうだ。

緑豊かな農村でも、いや、緑豊かな農村だからこそ、コケと雑草との熾烈な争いが起こる。庭いじりや家庭菜園をしている人なら、雑草がどれほど早くはびこってしまうか、身をもって体験しているだろう。庭園ではウマスギゴケを覆いつくすほど強力だったハイゴケでさえ、雑草には歯がたたない。そこで、コケはさまざまな策をもって、ときには雑草と同等に張り合い、場合によってはコケが競り勝ってしまうことさえある。か弱いコケが強大な雑草に挑んでいく姿は、見る人の心に勇気を与える……かもしれない。

雑草とのしのぎあい

まともに戦っても勝てない敵に対して、どうするか。あえて戦おうとせず、雑草のはびこっている場所を避けて生活するのも立派な戦略である。では、動けないコケがどうやって雑草を回避するのだろう。ざっくりいえば、コケは雑草とは生える時間をずらしているのだ。すなわち、（1）他の植物が芽吹く前から生長を始めること、（2）他の植物が生えていない時期に出現すること、にほかならない。

先んずれば雑草を制す

四季のある日本では、植物や気候の特徴に応じて、一年が二十四の節目（二十四節気）に区分されている。その一つが立春（2月4日）。暦の上では、この日を境にして春が始まる。ただ、まだ風は寒く、木や草が芽吹くにはもう少し時を待たねばならない。そんななか、コケは少々せっかちにみえる。立春のはるか前から新芽を出し、なかには受精を済ませて胞子体をつけている種さえある。周囲の草木と一緒に芽を出すのでは遅すぎるのだ。木々の葉が生い茂ったり、雑草が生長して小さなコケを覆ってしまう前に、少しでも長く光合成をして栄養分を蓄え、繁殖にまでこぎつける戦略だ。

こうした戦略を用いるコケのなかでも、一際目立つのが「コバノチョウチンゴケ」だ。このコケは日本庭園でも広く使われている種で、農村ではちょっとした木陰に大きな群落をつくっていることが多い。コバノチョウチンゴケの新芽が芽吹くのは、早春よりもさらに早く、晩冬からはじまる。新芽は輝くようなエメラルドグリーンをしており、殺風景な冬景色のなか、大きな存在感をみせる。ただ、初夏の頃にはこのエメラルドグリーンの緑

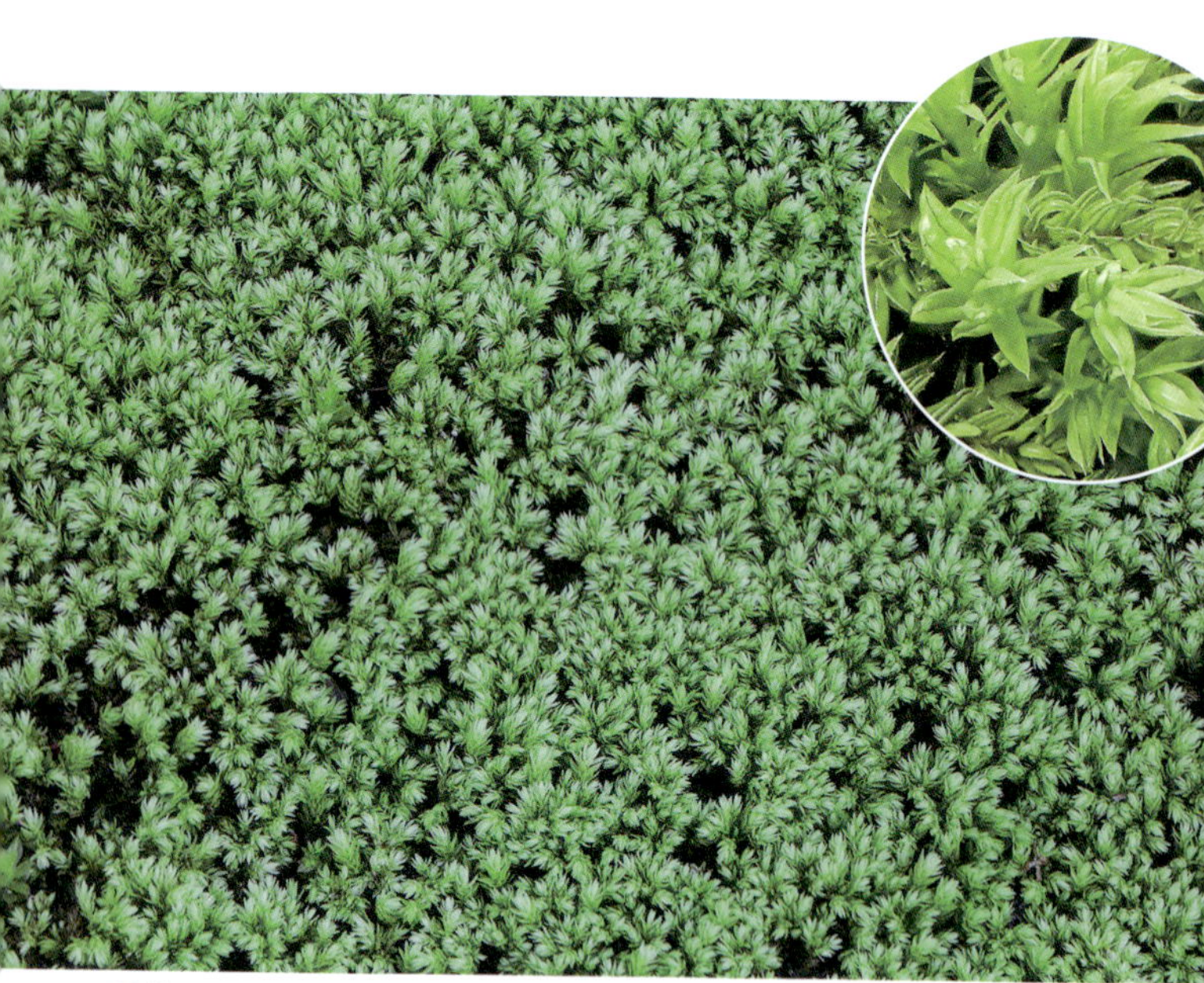

新芽が美しい「コバノチョウチンゴケ」

木陰に多く、暗緑色をしているせいか、あまり目立たない。しかし、早春は別。真っ先にエメラルドグリーンの新芽を出し、ひときわ輝いてみえる。

もコケの本体と同じく落ち着いた暗緑色へと変わっている。

コバノチョウチンゴケほど目立たないが、早春に農地にしゃがみこめば、あちこちで小さなコケの芽生えが始まっている。カップを逆さにしたようなコケの花をつけた小さなアゼゴケ類や、競うように深紅のコケの花を出すヤノウエノアカゴケ……。雑草に先んじて芽を出すコケは、一足早く春の訪れを教えてくれている。

小さな春の使者「アゼゴケ」

水田の畔などに生えることからアゼゴケ。可愛らしい蒴をつける。小さくてみつけづらいので、しゃがんでじっくり観察してみよう。

雑草の居ぬ間に

水田の畔や畑に生えるハタケゴケ類やウキゴケ類は、早春どころか、晩夏には出現している。そして雑草が枯れる、あるいは生長が鈍る秋から冬にかけてぐんと生長し、雑草との争いを巧みに避けている。なお、ハタケゴケ類の代表種であるカンハタケゴケの〝カン〟とは寒い時期に出現することにちなむ。

では、なぜハタケゴケ類は水田の畔（ほとり）や畑に生えているのだろう？　もともと、ハタケ

赤いじゅうたん「ヤノウエノアカゴケ」

春先、突然地面が赤くなっていることがある。このコケが一斉に赤色の胞子体を出したのだ。なおヤノウエとは藁ぶき屋根の上によく生えていたことから。

ゴケ類は農地ではなく、雨などで一時的に水びたしになるような裸地に生育していたと考えられている。例えば、大雨で河川が氾濫するような低地（氾濫原）だ。こうした低地では台風などで河川が氾濫すると、あたり一面を覆っていた草木が一掃されてまっさらな裸地ができる。ハタケゴケ類はこの裸地でいち早く芽を出す。そして、ほかの植物がはびこる前に急いで生長し、わずか数カ月で胞子の散布にまでこぎつける。やがて

冬の田畑に生える「カンハタケゴケ」

秋から冬にかけて、水田や畑に出現する。やや白みがかった色をしている。細胞の表面に突起があり、新鮮で湿っているときはキラキラする。

草木が生長して周囲を覆い始める頃には、すでにハタケゴケ類は短い生涯を終え、胞子の姿で次の氾濫を静かに待つ。こうしたライフサイクルのため、ハタケゴケ類の寿命は一年にも満たない。

偶然にも、このハタケゴケ類の生活は、農業活動の営みにうまく適応した。水田では春に田に水をいれ、田植えが始まる。これは「小さな洪水」に置き換えてもいいだろう。夏も終わりに近づく頃、田んぼの水を落として稲刈りをする。稲刈り後の水田には草はほとんど生えておらず、まるで、洪水で草木が押し流されてできた裸地のようだ。すると、待っていましたといわんばかりに、ハタケゴケ類は現れる。そして、翌年の春、田植えが始まる頃までには胞子を散布して、短い生涯を終える。堤防が築かれて河川の氾濫が起こらなくなった今では、水田こそがハタケゴケ類の第二の故郷になっている。

なお、ハタケゴケ類には先ほど紹介したカンハタケゴケなど、合計で20種ほどある。つい ハタケゴケ探しに夢中になって、寒風などお構いなしに田んぼにはいつくばってしまうかもしれない。しかし、この姿を端からみたら、完全に不審者だ。農地のコケをみるときは、農家の方にさわやかに挨拶することを忘れないようにしよう。

農地の覇者となる

雑草との競争を避けて、ほそぼそと暮らすコケだけではない。なかには果敢に雑草との競争に身を投じるコケもいる。あの、嫌われ者のゼニゴケである。ゼニゴケはさまざまなテクニックを駆使し、あるときは雑草を凌駕(りょうが)するほどに地一面を占めてしまう。

ゼニゴケの旺盛な繁殖力の秘密はゼニゴケの背中にある小さなカップにある。ルーペでこのカップのなかをのぞいてみると、何やら小さな円盤状のものがたくさん入っているのが見える。一説によれば、この円形のものをコインにたとえ、ゼニゴケ（銭苔）という名がついたそうだ。さて、この円形のものを、専門用語で「無性芽」という。無性芽の働きはヤマノイモのむかごと同じであり、ずばり、クローンで個体を増殖させること。つまり、この小さな無性芽一つ一つが親個体と同じ遺伝子をもつ〝ゼニゴケ〟になるのだ。

親ゼニゴケの無性芽から大きくなった子ゼニゴケも無性芽がぎっしりとつまったカップをもつ。そして親ゼニゴケと同じく、無性芽を散布することで、孫ゼニゴケを生む。これを数式で考えると、ゼニゴケの増殖速度はウサギどころの比ではない。1つのカップにはだいたい10個程度の無性芽が入っており、1個体のゼニゴケに平均2個程度のカップがあるとすると……。

- 1個体の親ゼニゴケから　2カップ×10個の無性芽＝20個体の〝子ゼニゴケ〟
- 20個体の子ゼニゴケから、20×（2×10）＝400個体の〝孫ゼニゴケ〟
- 400個体の孫ゼニゴケから、400×（2×10）＝8000個体の〝曽孫ゼニゴケ〟

農地の覇者「ゼニゴケ」

圧倒的な繁殖力をもち、農地の一角を覆ってしまうこともしばしば。特徴は背中につけた小さなカップで、中には無性芽が詰まっている。

この計算から、1個体でもゼニゴケがあったら、数世代あとにはそこはあたり一面ゼニゴケに覆われることになる。この光景を私はゼニゴケパラダイスと呼んでいる。

このように、旺盛な繁殖力をもつゼニゴケは、ときに雑草との競争に勝ち、ついにはゼニゴケ vs. ヒトさえが勃発することがある。所詮はコケだから、とあなどってはいけない。ひとたびゼニゴケパラダイスになってしまったら、「何とかしてゼニゴケを駆除してください」と、まさかヒトがゼニゴケに白旗をあげる事態さえ起こることもある。この強力なゼニゴケに対抗するために「ゼニゴケダウン」という、ゼニゴケ退治用の薬まで販売されていたほどだ。

なぜ、か弱きコケたちと同じコケなのに、ゼニゴケに人は手を焼くのだろう。敵を知り、己を知れば百戦危うからず。来るべきゼニゴケとの対決にむけて、その強さの秘密を知っておこう。

ゼニゴケの強さ①　圧倒的な繁殖力と侵入力

ゼニゴケの紹介で述べたように、ゼニゴケの繁殖力はすさまじい。たとえ地面からコケを引きはがしたとしても、そこにたった1つでも無性芽があったら、すぐに再生が始まる。おまけに、無性芽は靴底などにくっついて他の地域からも次々にやってくる。ちなみに、野生のシカの蹄(ひづめ)にはいろいろな小さなコケのかけらがひっついており、シカを利用してコケが広がっているという研究もある。ここから類推すれば、農村ではネコの肉球やハトの足にくっついてやってくるゼニゴケもあるだろう。まるで子羊を狙うオオカミのごとく、ゼニゴケは四方八方から常に侵入の機会をうかがっているのだ。そのため、敷地内からゼ

ゼニゴケパラダイス（雄）
何が生えているかわからない……が、よくみると所狭しと生えたゼニゴケの雄のコケの花（雄器床）だ。ここまで密生するとむしろすがすがしい。

ニゴケを完全に駆除したと思っても、いたちごっこになる。デジャヴのごとく、ゼニゴケパラダイスがすぐに復活してしまうのだ。

無性芽だけではない。ゼニゴケはもちろん胞子でも繁殖を行う。しかも、やっかいなことに、無性芽と胞子はそれぞれの欠点を補いあう関係にある。無性芽は生長は速いが、それなりに大きくて、長い距離を移動するのには向いていない。一方、胞子からの生長は時間がかかるが、胞子

ゼニゴケパラダイス（雌）
コケの花（雌器床）が明るい色をしているため、雌のゼニゴケパラダイスは雄とはやや雰囲気が異なる。まるで小さな花が咲き誇っているかのよう。

は小さいぶん、遠くまで移動できる。近距離しか移動できないが生長の速い無性芽と、生長は遅いが遠距離を移動できる胞子。欠点を補う二つの繁殖戦略で侵入を試みるゼニゴケたち。その旺盛さは、コケの清楚さを微塵も感じさせない。まるで統制された軍隊のようにさえみえる。

ゼニゴケの強さ②　コケらしくない貪欲さ

ゼニゴケの繁殖力を支える要因の一つが、「コケらしくない」栄養分の吸収方法だ。

一般にコケは体の表面から霧や雨に含まれている栄養分や水を吸収する。そのため、コケの生長はゆるやかで、どことなく落ち着いた雰囲気がある。しかし、ゼニゴケは違う。ゼニゴケは二つのタイプの仮根（平滑仮根・有紋仮根）をもち、そのうちの平滑仮根には木や草と同じように土から水や栄養分を吸収する機能がある。これは、ゼニゴケを引っ張るとよくわかる。ほとんどのコケは、引っ張られると軽くスッと土から抜けてしまう。しかし、ゼニゴケの場合、なかなか土からはがせず、少し力をいれて引きはがすとコケの裏に土がどっさりついてくる。これは、ゼニゴケの仮根が土にしっかりと入り込み、水や栄養分を吸収しているからに他ならない。肥料が添加される農地は窒素分が多く、ゼニゴケはこの窒素から栄養分を吸収してぐんぐんと生長する。最近は少なくなったが、汲み取り式のトイレの近辺にゼニゴケは生えていたそうだ。トイレのまわりは排泄物の影響で窒素が多く、住みやすかったのだろう。ゼニゴケの悪いイメージは、こうした特徴も関係しているのかもしれない。

ゼニゴケの強さ③　農薬にも負けない

ゼニゴケを枯らすために、除草剤をまけばいいと思う人もいるはずだ。だが、ゼニゴケはその上をいく。除草剤を使っても、場合によってはゼニゴケにはほとんど効果がないことがあるのだ。それどころか、他の雑草が消えることで、かえって旺盛に繁殖してしまうこともしばしば。これは、除草剤は雑草の特定の組織に作用するようにつくられており、雑草と異なる性質をもつコケに、とりわけゼニゴケに対しては有効に働かないことがあるためだ。そこで、コケに的を絞ったいわゆる「除苔剤」が、先ほど紹介したゼニゴケダウンである。この他にもいくつかコケとり用の除苔剤が販売されている。

ゼニゴケを好きになる

どうにもならない状況になったとき、視点を変えてみるとうまくいくことがある。ゼニゴケの退治に手こずるようならば発想を転換し、いっそのこと、ゼニゴケを好きになってみてはどうだろうか。お気に入りのコケが勝手に増えてくれるのなら問題ないだろう。むしろ、好きなものに囲まれて、幸せすら感じられるかもしれない。そこで、ここからは心機一転して、ゼニゴケの魅力を語っていこう。ここまでゼニゴケの脅威をさんざん紹介しておいて何をいまさら、と思われるかもしれない。しかし、最初に褒めておいて後でけなすよりはずっといいはずだ。

さて、ゼニゴケの脅威を魅力としてとらえるのはそんなに難しくない。よくよく考えてみれば、その脅威はいずれもゼニゴケが高度に進化した証拠ともいえるからだ。無性芽を利用した圧倒的な繁殖力も、複数の繁殖戦略を備えていることも、土から栄養分を吸収できる能力も、すべてはゼニゴケが陸上生活に適応した証である。厳しい自然のなかで生き残り、ライバルに勝って次世代へとバトンを託すために、磨きあげられた能力ともいえる。我々ヒトと同じように、コケも生きていくのに必死なのだ。

ゼニゴケの事情を知って、思ったほどゼニゴケも悪くないかな、と心がぐらつき始めたところで、とどめの一押し。ゼニゴケの可愛さをアピールしたい。一般に生物の研究者は、自分の専門とする生物を可愛いというが、世間には伝わらないことが往々にしてある。これは私も重々承知している。でも、こうした現状を理解したうえで、あえて言おう。ゼニゴケは確かに可愛いのだ。

この可愛さが最高潮に達するのは、花をつけたとき。ゼニゴケの花は正確には胞子体ではなく、胞子体をもつ器官（雌器床、雄器床）である（43ページ参照）。ちなみに、雌の花と

ちょっぴりメルヘンなゼニゴケの森

嫌われもののゼニゴケであるが、よくみると可愛いところもある。とくに雌のコケの花はまるで小さなキノコのようで、メルヘンチックでさえある。

雄の花は形が異なり、雌の花は手を広げたような形をしているが、雄の花（雄器床）は円盤状で縁が少し盛り上がり、浅いお皿のようになっている。このゼニゴケの花をよくみると、まるでおとぎの国に出てくるような、メルヘンな形をしているではないか。小人がひょっこり住んでいそうな雰囲気さえある。

旺盛な繁殖力があったり、トイレの近くに生えることがあったりして、なかなか可愛さは認めてもらえないゼニゴケ。しかし、もし、ゼニゴケがちょっと控えめに森の中に生えていたら、人気のコケの一つになっていたかもしれない。

ひそかに可愛いゼニゴケ類

ベチャッとしたコケはすべてゼニゴケと思われがちだが、実は「本当のゼニゴケ」ではないことが多い。この違いはゼニゴケ類のコケの花（雌器床・雄器床）や無性芽の形をみれば一目瞭然。

せっかくなので、農村〜里山でよくみられるゼニゴケ類の仲間を紹介しよう。順番は農村→里山でよく見られる順に並べてみた。ゼニゴケ類の仲間は、清楚というよりもお茶目という言葉がよく似合う。

二つの顔を持つ「フタバネゼニゴケ」

ゼニゴケによく似ているが、体の縁がやや赤みがかる。このコケの雌器床は2つの形をもつ。受精したとき、すなわち異性と出逢えたときには手を広げた形になるが、出逢えなかったときはハート型になる（円内の写真）。

石垣によく生える「ジンガサゴケ」

ジンガサとは時代劇にでてくる「陣笠」のこと。雌器床の形が陣笠のようになることから。石垣によく生えるコケで、特に春先はジンガサをつけるのでよく目立つ。

農地に多い「ヤワラゼニゴケ」

ヤワラとは「柔らかい」からか。その名の通り、柔らかい雰囲気がある。雌器床は円盤のような形をしている。表面には他のゼニゴケ類にはない白い斑点があるので区別は容易。

立派な毛が特徴の「ケゼニゴケ」

山地のやや湿ったところに好んで生える。「毛」の名に違わず、コケの花のまわりに豊富な毛をもつ。雄器床と雌器床の形はよく似ているが、雄のほうが雌よりも毛が薄い。ちょっと切なさを感じさせる。

リボンが可愛い「ホソバミズゼニゴケ」

山地の湿ったところに多い。あまり目立たないが、秋になると体のまわりにリボンのような無性芽をつけ、ちょっぴりおしゃれ（円内の写真）。このように、無性芽の形もコケによって違う。

小話4

苔米は売れるか？

後の章で詳しく紹介するが、この章でみてきた農地のコケは、じつは農法の効率化によって消えつつある。しかし、小さな光明もみえる。一部の農家では現代の農法から、伝統的な農法へと回帰したところがあるのだ。

その理由の大半は、「自然に優しい、健康、安全」などの付加価値をつけるため。これはなかなかに人間の心理をついた販売戦略である。「農地の環境や生物を守る」といっても、購買者にはピンとはこないかもしれない。しかし、「農地の生物に優しい農法でつくる米＝安全な米」ならば、その価値も伝わりやすい。この農法で収穫された農産物が自分の健康にとっていいものであれば、価格が少し高くなっても抵抗はないだろう。農家さんも自分の農業で環境の役に立つことができたら、やりがいもひとしおのはずだ。

なお、生物に配慮した農法でつくった米にはいろいろなバリエーションがある。除草を鴨に任せて農薬の使用を減らしたアイガモ米、メダカやゲンゴロウがいるようなきれいな田んぼでつくったメダカ米やゲンゴロウ米

二股に分かれて伸びる「ウキウキゴケ」
最近までウキゴケと呼ばれていたが、和名が変わり、心躍る名前になった。別名「カヅノゴケ」。シカの角のような形をしていることから。

など、看板に使われる生物はさまざま。ただ、コケが看板になった米はまだないようだ。昆虫までもお米シリーズになっているのならば、ウキゴケ（ウキウキゴケ）やイチョウウキゴケ（265ページ）などに配慮した「苔米」があってもいいのではないだろうか。「苔米」なんて、名前からしていかにも古代の人々が食べていた雑穀のようなイメージがして、健康にもよさそうだ。いつかブランド米の一つとして出てくることをひそかに期待している。

里山の章

運命に抗わず、コツコツと生きる

次はもう少し山手に入っていこう。山といっても人を寄せつけないような、うっそうとした森ではない。農地や人里のまわりに広がる明るい森である。こうした場所は「里山」と呼ばれ、今のように電気やガスがなかった頃、料理や暖房に利用する薪(まき)をとるための重要な森であった。そのため、長い人との関わりのなかで、生長が早く、良質な薪材となるコナラやクヌギなどの落葉樹が好んで残されてきた。

なお、落葉樹とは秋に一斉に葉を落とす木々のことで、落葉樹からなる森を落葉樹林という。ちなみに、冷涼な地域では、ヒトの活動とは関係なく、ミズナラやブナなどの落葉樹の森が広がっている。これには木の生存戦略が関係している。冷涼な地域では、気温の低い冬は光合成の効率が悪い。葉をつけているだけでも維持するためのコストが必要なので、このままでは割にあわない。それならいっそのこと冬の間は葉を落としてしまって、春に作り直すほうがコストパフォーマンスに優れている。

しかし、里山などの落葉樹林のなかでは、コケは少々肩身が狭い。秋になると、小さなコケは落ち葉に埋もれてしまい、光合成ができなくなってしまうためだ。だからといって、落葉樹林にコケがないわけではない。落葉樹林を歩けば、決して多くはないものの、コケがちらほら見えるはずだ。これらのコケは一体、どうやって落葉をやり過ごしているのだ

動物の尻尾のような「オオシッポゴケ」
長い冬を耐え抜き、無事に春を迎えたためだろうか。キラキラと輝き、嬉しそうにみえる。

ろう？

動けないコケの覚悟

困難に面したとき、三つの選択肢がある。その状況を打開するか、受け入れるか、あるいは逃げるか。小さなコケは落ち葉を吹き飛ばしたりするほどの、状況を打開する力はない。もちろん、動物のように移動することができないので、逃げるわけにもいかない。そこで、コケは「状況を受け入れる」ことを選んだ。

背水の陣を敷いたコケは覚

根株の上に生えるノミハニワゴケなど
春の暖かな日差しのなか、切株の上で赤色の胞子体をグングンと伸ばしている。

悟を決め、もてる能力のすべてを使って目の前に立ちはだかる落ち葉に対処する。巧みに避難したり、耐え忍んだり、時には自らの生涯に見切りをつけて、子孫に未来を託したり……。一見するとか弱いコケではあるが、「なんとしても次世代にバトンを託す」その生き方は強くたくましい。このたくましさと小さく可愛らしい姿とのギャップもまた、コケの魅力の一つである。

ブナの樹幹に生える「オオギボウシゴケモドキ」
落ち葉の降り積もらない樹幹はコケにとって絶好の生育場所になる。

巧みに避難する

降りしきる落ち葉をどうやり過ごすか。シンプルに考えれば、落ち葉に埋もれないところに生えればいい。例えば、垂直になった木の幹や少し小高くなった岩の上だ。しかし、こうした場所には土壌が発達しないために、ふつうの木や草は生えられない。

だが、コケは違う。コケは、葉の表面から直接水や栄養分を吸収できるため、土壌がなくても問題ない。都市のコンクリートの上でコケがみられるように、木の幹や石の上に生えることは、コケにとっては朝飯前。落葉樹林をぐるりと見渡すと、落ち葉が埋もれる林床にコケは少なくても、木の幹や石の上に大きなコケの群落があることに気がつく。コケならではの特徴を利用して、巧みに落ち葉を避けているのだ。ほかの植物と異なる体のつくりをもつコケの強みが、ここでもいぶし銀のように渋く光る。

耐えて耐えて耐え忍ぶ

しかし、ときには降り積もる落ち葉に負けじと森のなかで踏ん張るコケもある。小さいがゆえにコケは落ち葉に覆われてしまう。ならば、話は簡単だ。落ち葉に覆い隠されない程度に、大きくなればいい。コケは小さいものだと思われがちだが、ときには雑草のように立派な体軀（たいく）をもつタイプもある。こうしたコケの一つがコウヤノマンネングサ。ヤシの木のような形をしており、一見、コケにみえないかもしれない。この姿形から、昔の人はこれをコケではなく雑草の一種だと思い、このコケの名前に「グサ（草）」とつけたのだろう。コウヤノマンネングサは体サイズが大きいだけでなく、地下の茎（地下茎）でまわりの個体とつながり、一塊の大きな群落をつくる。これほどの群落サイズになれば、少々の落葉ならば耐え忍ぶことができる。

ヤシの木のような「コウヤノマンネングサ」
凛々しい姿から人気も高い。ちなみに草本の１種にマンネングサ類があるが、コウヤノマンネングサとは全く違う形をしている。

なお、「新撰日本植物図説第一巻」（明治32年）には、高野山ではこのコケを乾燥させたものが守護札のように箱にいれられ販売されていたことが記されている。つい最近までは、コウヤノマンネングサを瓶にいれて水中に沈め、水中花として高野山のお土産として売られていたそうだ。しかし、私が高野山を訪れたときには見つけられなかった。乱獲などによってコウヤノマンネングサの個体数も減っているという。こうした事情もあって、今はもうお土産として販売されていないのだろうか。

かろうじてかわす

巧みに避難して、耐えて耐えて耐え忍んで……。続く戦略は「かろうじてかわす」だ。落葉樹林のなかでも、斜面の土砂が崩れるなどして、ときとして小さな裸地ができることがある。こうした裸地は再び落ち葉が積もったり、あるいは崩れたりしてすぐになくなってしまう運命にある。しかし、この裸地が消えてしまう前に、侵入・繁殖を済ませてしまえば、問題はない。

この一時的な環境を巧みに利用しているのがハミズゴケ。漢字で書くと「葉見ず苔」。葉がほとんど退化してしまった姿に由来している。そのため、土の上からニョキッと胞子体が生えているような姿が印象的だ。

ハミズゴケのシンプルな形は、すべてはいち早く生長し、繁殖するためのもの。裸地が消失するまでの限られた時間しかない状況では、茎や葉をつくるための時間もエネルギーも惜しい。そこでハミズゴケは葉や茎をほとんどつくらず、足元に広がっている糸のようなもの（原糸体）で光合成を行う。そして光合成で得られるエネルギーのほとんどを胞子

土から胞子体が生えている？「ハミズゴケ」

その名の通り、茎や葉がほとんど退化してしまい、胞子体がないときはその存在はほとんど目立たない。

体の形成へとまわし、いち早く繁殖を行うのだ。すなわち、ハミズゴケは自らの体への投資を切り捨て、繁殖に集中投資することで、素早い世代交代を可能にしているといえよう。

スナイパーかギャンブラーか

里山～深山に生える「キセルゴケ」は、ハミズゴケと同様にほとんど胞子体からなる単純な形をしており、森の中にできた小さな裸地に生える。おまけに「ふいご」のよ

キノコや粘菌のようにみえる「キセルゴケ」
ハミズゴケと同じように、葉や茎がほとんど退化している。胞子体の形をキセルにたとえて名付けられたのだろう。

うな珍妙な蒴の形から、もはやコケではなく、一見すると小さなキノコや粘菌のようだ。

ちなみにふいごとは、足で踏んだりして、箱の中のピストンを動かして風を送る送風機で、主に鍛冶屋さんで使われていた。キセルゴケはこのふいごのような形の蒴を利用して、奇抜なやりかたでパッパッパと、胞子を散布する。

ふいごは足で押して空気を送るが、キセルゴケの場合、雨粒などが落下して蒴にあたる衝撃が、空気を押し出す原動力となる。この衝撃を受けて発生する空気圧を利用して、蒴の先端の口から勢いよく空気を噴出し、この空気に乗せて胞子を散布する。興味深いことに、キセルゴケの1つの蒴のなかにはなんと、胞子が550万個も入っているという。

多くの胞子を散布するのは、その生育環境に関係している。キセルゴケが生えるような裸地は、森のどこに出現するかわからない。そこで、キセルゴケは勝負にでる。下手な鉄砲も数撃ちゃ当たる方式で、小さな胞子をたくさんばらまくのだ。550万個も胞子があったら、そのうちのいくつかは最適な環境に届くだろう。

もちろん、すべてのコケがキセルゴケのように数百万個の胞子をつくるわけではない。例えば、ハタケゴケは200～300程度の胞子しかつくらないが、その一方で一つ一つの胞子のサイズは大きい。小さくて数多くの胞子をつくるか、大きくて数少ない胞子をつくるか。こうした違いはコケの生育環境と密接に関連している。

胞子をつくるエネルギーには限りがある。胞子を大きくすることで発芽率を上げることはできるが、1個の胞子をつくるコストも高くなるため、つくれる胞子の数は少なくなる。こうした事情を考慮すると、大きくて数の少ない胞子は「ここに胞子を散布すれば、きっと子コケは生長できる」という場所がピンポイントでわかっている場合に向いている。いわば、一発必中のスナイパータイプだ。反対に、キセルゴケのようにどこに生育に適した環境があるかわからない場合は、発芽率は悪くとも、数多くの胞子を散布して、イチかバチかの賭けに出る必要がある。こちらはギャンブラータイプにたとえられるだろうか。

落葉樹とコケの相性は悪い？

ここまでの話からすると、落葉樹とコケはどうも相性がよくないようにみえる。でも、落葉樹はコケの生育にとってプラスになる要素もある。強い光が降り注ぎ、乾燥しやすい夏の間、落葉樹は生い茂り、いわば、コケの日傘になって守ってくれる。また、秋を過ぎれば葉を落とすために林床が明るくなり、コケが光合成をするには都合がいい。こう考えてみると、落ち葉さえ降り積もらなければ、落葉樹の下はコケにとって住みよい環境になりそうだ。

この話を念頭に置いて、コケ庭の風景を思い出してみよう。美しいコケ地が広がっているのは楓（かえで）のまわりなど、落葉樹の下が多い。これは落葉樹の日傘と管理者による落ち葉かきの効果が相まって、コケに快適な環境をつくりだしているためだ。

この本では七つの環境ごとにコケを紹介しているが、実際はそれぞれの話が密接に関連

落ち葉に埋もれつつあるコケ庭の「トヤマシノブゴケ」
このままでは降り積もる紅葉に埋まってしまいそうだが、大丈夫。管理者さんが落ち葉かきをして、コケを守ってくれるのだ。

している。里山のコケをみて庭園のコケがわかることもあれば、都市のコケをみて高山のコケについての理解が深まることもある。この本を一通り読み終えたら、もう一度読み返してみよう。きっと新しい発見があるだろう。

美しい春の里山

落葉樹林の春のコケは美しい。鮮緑色の新芽、次々と伸びる胞子体……。木々の葉が生い茂るまでのわずかな期間の明るい世界を楽しむように、

明るい春の里山で輝く「タマゴケ」

優しい色合いの緑色もさることながら、目玉のようなまん丸の蒴がなんとも可愛らしい。中にはタマゴケを知ってコケ好きになった人も。

コケは一斉に輝きだす。落ち葉に覆い隠されて、日照不足になることを心配していたのがまるで嘘のようだ。

美しい虹をみるためには雨を我慢しなくてはならない。落ち葉の試練に耐え切ったからこそ、コケの美しさにも磨きがかかるのだろう。春の里山のコケは喜びであふれている。

小話5

コケのつく地名

コケ研究者の宿命か、コケという言葉に異様に敏感に反応してしまう。海苔を「うみごけ」と呼んでしまうのはまだいいほうで、苔味を「苔味」と読み違えて、ドキッとしてしまうことも多い。こうなってしまっては、コケの名がつく地名を見逃せるわけがない。職業がらいろいろな場所に出かけることはあるが、それでも、コケの名をもつ地名は少ない。おまけに地名にコケがついていても、コケだらけということはほとんどない。ここではコケのつく地名をいくつか紹介しよう。

コケの地名❶ 苔橋（北海道勇払(ゆうふつ)郡占冠(しむかっぷ)村）

北海道内を車で走行中、視界の片隅にコケの字がはいった。わずか一瞬でコケの字を見逃さない能力は我ながら感心する。苔橋というくらいなのだから、きっとコケに覆われた橋があるのだろう。車を停めて周囲を散策した。しかし、あたりにそれらしきものは見当たらない。あるのは私が今通ったアスファルトで覆われた何の変哲もない橋だけだ。もしかしたら、かつてここには木でできた橋がかかっていて、その橋にはコケがうっそうと生

苔橋
この写真をとったのは冬だったため、あたり一面雪景色でコケはみえない（ただし、夏でもコケはみえない）。

えていたのかもしれない。今は地名だけが当時の姿を物語っているのだろう。

コケの地名❷　苔平　（長野県飯田市）

奥聖岳（おくひじりだけ）（南アルプス）に登ったときのこと。夕暮れの迫るなか、そそくさと山道を急いでくだっていると、「苔平まであと○ｋｍ」という看板が突如現れた。コケの美しい南アルプスの山中にある苔平！　これはコケのすごいところに違いない。疲れた体にむち打ってぐんぐんとペースをあげて苔平を目指した。そしてたどりついた苔平はどうもイメージと違う。地形はたしかに平らなのだが、特別にコケが多いというわけでもない。行き過ぎてしまったかな？　と思って、来た道を戻ってしまったほどだ。北海道の苔橋と同じく、こ

苔平
むしろ苔平のまわりのほうがコケが多くあり、やや名前負けしてしまっている。

の地を名づけたときにはコケだらけだったのかもしれない。この本の出版社（NHK出版）がある東京の渋谷が今では渋い谷の面影がないように、名前をつけたときとは環境が変わってしまうことは往々にしてある。むしろ地形よりもはるかに変化しやすいコケだったら、なおさらだろう。

コケの地名❸　川苔山（東京都奥多摩）

東京の秘境ともよばれる奥多摩。川苔山は奥多摩の一角にある。最初は「かわごけやま」と読んでいたが、正式名称は「かわのりやま」だ。その名前から察するに、川海苔（かわのり）があったところなのだろう。川海苔は川に生える藻類で、コケの名はあっても、コケではない。ならば地名にコケとあってもそれは川海苔のこ

川苔山
東京でいろいろな観察ができるおすすめスポットのひとつ。標高が高いところに分布する種もみられる。

とであって、コケが多いわけではないだろう……とは思いつつも訪れることにした。すると予想に反して川海苔はほとんどなく、その一方、渓流沿いには東京とは思えないくらいに美しいコケの森が続いていた。まるでコケで有名な奥入瀬（青森県）の渓流のようだ。奥多摩には川の支流も多く、空中湿度も高い。そのため、東京の一部ではありながら、コケの生えやすい環境が形成されているようだ。東京近郊の人はコケが恋しくなったら訪れてみるのもいいだろう。もちろん、都内から日帰りが可能だ。

ここで紹介した以外にも志苔館（しのりたて）（北海道）、苔畑（青森県）、苔川（岐阜県）、苔山（岡山県）など、コケのつく地名は全国にある。地名ひとつとってみても、なかなかに奥が深い。

深山の章

細く長く生き、森の主役に

小さなコケの大きな役割

里山からさらに奥に進むと、深山にいたる。本書では生態学などの分野で「亜高山帯」とよばれているところを深山とした。見渡す限り、あたり一面が深い森で覆われていて、ほとんど人も住んでいない。厳しい都市の環境に耐え、農村で熾烈な争いを生き抜き、里山で落ち葉に必死に耐えるコケ。これらの環境と比べると、深山はコケにとって住みやすいといえる。コケの生存をおびやかす開発もほとんどされず、標高が高いために気温も低くてしっとりしており、草木の生長もゆるやかだ。そのため、都市のように乾燥せず、農村のように旺盛に雑草がはびこることもない。おまけに森をつくる木々は落葉樹からさらに寒さに強い針葉樹へと代わるため、落葉樹林のように秋に一斉に落葉して、林床が落ち葉で埋め尽くされる危険もない。

このように、コケにとっていいこと尽くしの亜高山帯の森。だからこそ、一面がコケのじゅうたんに覆われていることもしばしば。八ヶ岳や屋久島では、うっそうとコケが生い茂る森は「もののけの森」と呼ばれ、観光の目玉にもなっている。一面コケの緑に包まれる写真をみて「行ってみたい！」と胸を躍らせる人も少なくないだろう。これらのコケはただ美しいだけではない。実はこれらのコケは山の自然を維持するうえで大きな役割を担

もののけのコケの森（屋久島）
『もののけ姫』の舞台にもなったコケの森。とくに白谷雲水郷が有名。

っている。コケにされがちなコケがコケにされないところ、それが深山なのだ。

もののけの森

庭園のコケむす風景には「わび・さび」の風情があふれていた。しかし、深山のコケ生す風景にわび・さびを見出すのにはちょっと違和感がある。どちらかというと、「神秘的」「幻想的」という言葉がしっくりくるだろう。

こうした印象はアニメなどでも効果的に使われている。スタジオジブリのアニメ『もののけ姫』に出てくる森の妖精コダマが住む神秘的な森は、一面コケに覆われた森である。また、『となりのトトロ』の森の主トトロが住む森も一面コケだらけだ。その一方、同じ映画の場面でも、人が住む里や町にはコケが全く描かれていない。これは偶然ではなく、神秘的な雰囲気を醸し出すため、意図的にコケが使われている、とみることができる。

ここで、日本人がコケ生す風景に託してきた思いを整理してみると、コケにわび・さびだけでなく、神秘的なイメージを託してきたことにも納得がいく。「悠久の時間」「隠者」「死」「わび・さび」……。コケに感じるものは、どれもヒトを超越した何かを感じる。神のみぞ知る、領域にあるもの。これらをすべてひっくるめれば、「神秘的」になる。これにクドクドとした説明はいらないだろう。コケ生す森に一歩足を踏み入れたら、この感覚を理解するのには十分だ。

逃亡者から定住者へ

もし、今いる環境が快適で、ずっと住んでいたいと思っていたら、あなただったら何をするだろうか?　私だったら、庭付きの家を買い、コケ研究者が本気をみせたとびきりの

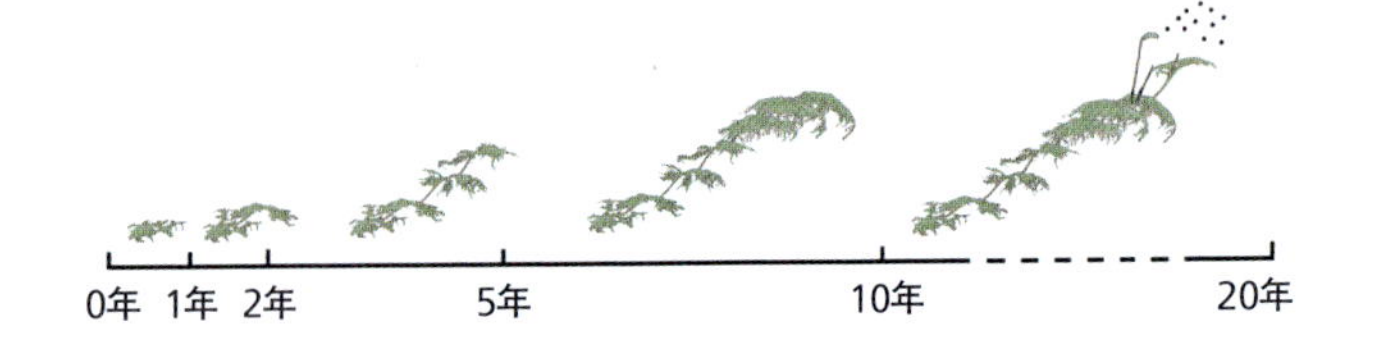

定住者のライフサイクル

定住者に分類されるコケは寿命が長く、なかなか胞子体をつけない（During、1979を参考に作図）

コケ庭をつくってみたい。同じようにこだわりのマイホームをもちたい、という人も多いのではないだろうか。その一方、逆にあまり快適でない環境だったとしたら、すぐに引っ越したくなってしまう。

これはコケも同じで、快適な環境であれば、そこで末永く生活しようとするし、そうでなければ、引っ越そうとする。ただ、コケはヒトとちがって移動することができない。では、どうやって引っ越しをするのか。コケの場合、胞子をつくって、次世代を新しい場所に定着させるのだ。つまり、快適な環境であれば、コケは自らの生長に多くのエネルギーを注いでその地に根を張ろうとするし、そうでなければ、繁殖にエネルギーを注いで胞子をつくり、新たな場所を求めて移動しようとする。なお、この「生長―繁殖」へのエネルギーの配分は、里山の章で登場したハミズゴケやキセルゴケにも当てはまる。明日をも知れない環境であればこそ、繁殖へ注ぐエネルギーが多くなる。しっかりとした茎や葉をつくる余裕はないのだ。

さて、快適な環境の山地では、コケはその地に根を張って腰を据えるべく、自らの生長に多くのエネルギーを注ぐ。その結果、一つ一つのコケが大きくなる。都市では申し訳なさそうに道の片隅に生えていたコケだが、深山では10㎝を超す立派なコケも珍しくない。もちろん、1年、2年でここまで大きくなったわけではない。ときには10年、20年の時間をかけてゆっくりと生長してきたのだ。このように、生長にエネルギーを注ぐために体が大きく、長い寿命をもつコケの生き方を「定住者」とよぶ。都市では「逃亡者」だったコケが、深山では「定住者」となって腰を落ち着けるのはなんだか感慨深い。

では、定住者はいったいどのくらい長く生きているのだろうか？　面白いことに、コケのなかには年齢がわかるコケもある。その名はイワダレゴケ。漢字だと「岩垂苔」と書くが、岩から垂れていることよりも、地上に生えていることのほうが多い。なお、英名は「stair-step moss（階段のコケ）」という。こうした英名をもつのも、このコケは1年に1段ずつ、階段状に生長するという特徴があるためだ。この特徴を利用すれば、階段の段数を数えることで、おおよその年齢が推定できる。報告によれば、20段以上の階段、すなわち、20年以上も生育している個体があったそうだ。しかも、茎の下部の方はすでに葉が腐って

階段のように伸びる「イワダレゴケ」

亜高山帯で大きな群落をつくる。階段のように伸びる茎が特徴。イワダレゴケには細菌類（シアノバクテリア）が共生しており、なんと、空中から窒素を吸収している。

おり、それ以上の年齢は確認できなかったそうで、実際はもっと長生きをしていると思われる。ほんの手のひらサイズのコケには、20年以上の時間がつまっている……。そう思ったら、森のコケを引っこ抜くようなことは決してできないだろう。その小さな1本のコケには、20年もの月日が詰まっているのだから。

なぜにコケが大きい？

ところで、亜高山帯でコ

ケが大きいのは、「コケにとって快適な環境で、同じところで長く暮らしているため」と説明してきたが、もうひとつ、大きな秘密がある。これを理解するには、コケの気持ちになってみるのが手っ取り早い。

野原や森でゴロンと地面に寝そべってみる。すると、どうだろう。立っているときには頬に感じていたそよ風を感じなくなる。これは、地表すれすれところでは地面との間に生じる摩擦によって、空気の流れが遅くなるという流体力学によって説明される。このように、大気と地面とが接し、空気がほとんど動かないところなどを「境界層」とよぶ。なお、境界層は、大気の循環（10 m〜数㎞）など、地表の空気の流れを説明する際によく用いられる（大気境界層）。

さて、地面スレスレにある小さな境界層は、コケにとってすこぶる都合がいい。というのも、風が弱いため、体が乾燥しにくいのだ。これまで何度か紹介したように、体の表面から水を吸収しているコケは、葉をワックスで覆うわけにはいかず、体内から水が奪われやすい。そのため、コケにとっては微風さえも体から水を奪う大きな脅威となり、必然的に風の弱い境界層で暮らさざるを得ない。亜高山帯の森では常緑の木々がうっそうと生い茂っていて林内の風も穏やかになる。そのぶん、境界層もちょっとだけ広くなって、コケ

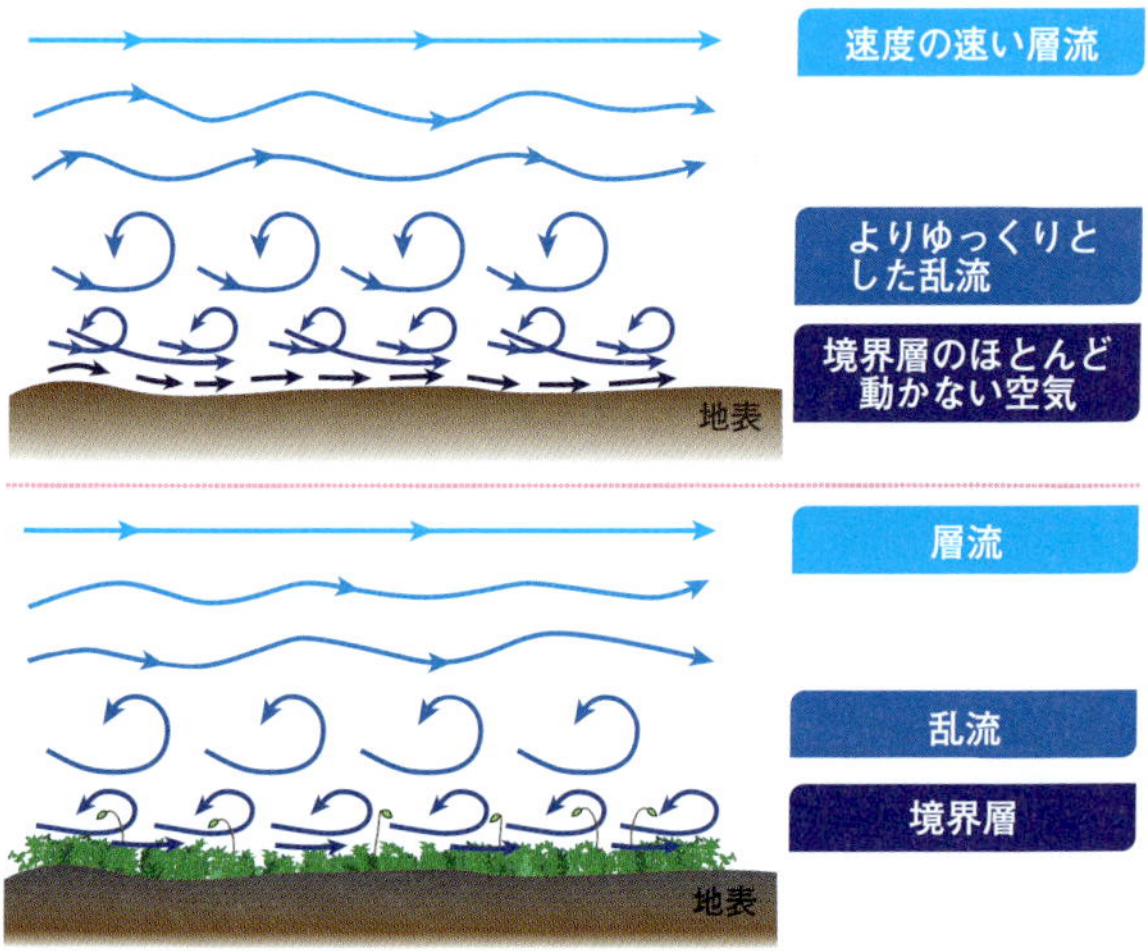

速度の速い層流
よりゆっくりとした乱流
境界層のほとんど動かない空気
地表
層流
乱流
境界層
地表

境界層の模式図（ロビン・ウォール・キマラー、2012を改変）
上図は大気境界層、下図は小さなスケールの境界層

も大きくなれるのだ。

コケの背伸び

コケは乾燥から身を守るため、境界層のなかで暮らしている。が、あえて境界層を飛び出しているものもある。コケの上にツンツンとでている胞子体だ。

もちろん、これにはちゃんと理由がある。胞子体の最大のミッションは先端の蒴につまっている胞子を風にのせて遠くへと飛ばすこと。風が強くて乾燥しやすい境界層の上はコケが生活するには不便だが、胞子を遠くに飛ばすのにはもってこいだ。そこで、コケの

胞子体を高く持ち上げた「フジノマンネングサ」

他の大多数のコケと異なり、フジノマンネングサは複数の胞子体をつける。コウヤノマンネングサ（p.143）と同じく、ヤシの木のような形をしている。

本体を乾燥に晒すことなく、胞子を散布する部分だけを境界層の上へと出すため、ニョキッと伸びた胞子体を発達させたのだ。すなわち、いかにして効率よく胞子を散布するかを追求した結果、たどり着いたのが「胞子体の形」だったといえる。

コケの形や生き方には、すべてわけがある。コケが透き通って美しいのにも、小さくて目立たないのにも、そこには物理の法則によって説明できる、歴然とした理由があったのだ。

一番大きなコケ

コケの大きさと境界層を話題にしたので、一番大きいコケについても触れておこう。

コケに興味をもつと、気になる疑問の一つが「もっとも大きなコケは何か」だろう。その反対に小さなコケについてはあまり気にする人がいないようだ。コケは小さいことが前提とされていて、興味がもたれないのだろうか。あるいは、ヒトは本能的に大きなものにあこがれをもつのだろうか。例えば、私の大学の近くにある福井県立恐竜博物館（福井県勝山市）は、休日は全国各地から集まった家族連れで混雑しているが、もし、これが「アリ博物館」だったら、そこまで人気があったとは思えない。

さて、一番大きなコケは何か、というのはなかなか難しい。横の長さでみるか、上へ伸びた長さでみるかによっても違う。横の長さでいえば、水の中のコケは一般に長く伸びることがあり、30cm超えも珍しくない。また、「里山の章」で登場したコウヤノマンネングサなどの群落は地下で横の個体とつながっており、芋づるのようにどこまでも個体がつながっている。しかし、大きいコケといったら、やっぱり上に向かってぐんと伸びたものを

大きな大きな「セイタカスギゴケ」
亜高山帯の林床、とりわけ登山道沿いに多い。深緑色のコケで、乾燥すると葉がクルクルと巻き縮む。

思い浮かべるもの。そこで、ここでは「地上から上に向かって伸びるコケで一番大きいコケ」としよう。

コケは環境によって大きさや形が変わるが、平均的にもっとも大きくなるのは亜高山帯に生えるセイタカスギゴケだ。名前からして背が高い雰囲気を醸し出している。平均して15㎝はあろうか。なかには20㎝以上になるものもある。セイタカスギゴケは登山道沿いに好んで生え、こんもりとした大きな群落をつくる。うっそうとした森に覆われて風も弱く、しっとりとした亜高山帯だからこそ、ここまで大きくなれるのだろう。ちなみに世界でもっとも大きなコケは東南アジアに生えるスギゴケ類の仲間（Dowsonia属）で、大きいものでは60㎝ほどにもなる。

森の小さなダム

深山のコケを見渡せば、あたり一面大きなコケだらけ。ここまでに紹介したイワダレゴケをはじめとして、タチハイゴケ、シノブヒバゴケ、オオフサゴケなど、大型のコケたちがひしめきあい、森のなか一面を占めている。これだけコケが生えていれば、いくらコケでも、まったく役に立たないことはない。いや、むしろ、「コケが森をつくっている」といっても過言でないほど、コケは大きな役割を果たしている。

コケが森で果たす重要な役割の一つに、「小さなダム」がある。山のコケはみずみずしく、ぎゅっとしぼったらコケのジュースができそうなほど。このようにコケが大量の水を吸収するのは、コケの体内の水分量が乾燥時と湿潤時で大きく変化することによる。これを専門用語で「変水性」という。変水性というと難しく聞こえるが、イメージとしては、乾燥わかめだと思えばいい。ラーメンなどの付け合わせにと一握りの乾燥わかめを水に戻した

立つのか這うのか「タチハイゴケ」

立つのか這うのか紛らわしい名前だが、這うタイプのコケである。亜高山帯で最も大きな群落をつくるコケの1つ。

ところ、わかめの膨張量をみくびり、みるみる水を吸って、とんでもない量になったことはないだろうか。同じように、変水性をもつコケは、ときには乾燥重量の数倍〜数十倍の水を吸収することができるのだ。

さて、乾燥わかめのような性質をもつコケが森の一面を覆っているのであれば、その水分保持機能は推して知るべし、だ。八ヶ岳（長野県）の亜高山帯でコケがどの程度の水を含んでいるか実験したところ、1回の降水で最大1㎡あたり約2・5リットルもの水が蓄えられていることがわかった。両手の届く範囲（だいたい2−3㎡）のコケには、2リットルのペットボトル約3本分の水が吸収されている計算になる。本

房のように密に葉をつける「オオフサゴケ」

黄緑色で大型。さらに、やや立ち上がって生えるため、他のコケより目立って見える。土や石の上に大きな群落をつくる。

細い枝を四方八方に出す「シノブヒバゴケ」

大型のコケで、イワダレゴケ（p.161）のように階段状に伸びる。林床を一面に覆う様子はなかなか迫力がある。

コケの水分吸収

エゾスナゴケの乾燥時（上）と潤滑時（下）。まるで乾燥わかめのように、コケは瞬時に水を吸収して膨らむ。

来ならば土にそのまましみ込んでしまう水をコケが受け止め、じわじわと蒸発させ、森を潤していく。

コケが多い森にいくと、なんだかしっとりしているように感じるのは、決して気のせいではない。きっと、その「しっとり」はコケから出ている。「このしっとり感はコケに由

コケが一面を覆う深山（亜高山帯）の森

地上一面を覆うほどになれば、コケの機能もコケにできなくなる。

来するんだ」と喜べたら、きっとあなたはコアなコケファンだ。

森の栄養素の貯蔵庫

コケがもつ役割は、森を潤すことだけではない。コケは森に含まれるミネラルなど、さまざまな栄養素さえも蓄積・循環させている。

ヒトと同じく、森の動植物が生きていくためには、カルシウムや鉄などのミネラルが必要だ。植物に関していえばリンやカリウムが特に重要で、これに窒素をあわせた「窒素――リン酸（リン）――カリウム」は、植物肥料の三大要素といわれている。この三大要素のうち、リンの蓄積・循環にコケがどの程度貢献しているかについて、興味深い報告がある。カナダの針葉樹林で行われた研究によれば、コケの乾燥重量は森のわずか5％程度だったにもかかわらず、森のリンの循環については約40％もの役割を担っていたそうだ（元データより換算）。

これは、コケは雨水や霧から養分を吸収することに加え、コケの葉は一細胞の厚さしかないために、外部環境に面する割合が大きく、効率よくミネラル等を吸収できることで説明される（22ページ）。なお、コケのリンの一部は菌類に渡され、さらに菌類から樹木へと

倒木のコケから芽生えた幼木（トウヒ）
実生の定着率は倒木の上に生えるコケの種類によって異なる。

流れる。まるでリレーをするかの如く、コケの蓄えた栄養がめぐりめぐって樹木へ吸収され、森の維持に貢献しているのだ。コケは森のダムとなり、栄養素さえも循環させる。森はコケとともにあるといってもいいだろう。

森のゆりかご

企業の広告などによく好んでもちいられるモチーフの一つに、コケから小さな木の実生（みしょう）が生えているものがある。みずみずしいコケの上から今、まさに大きく生長せんとする小さな苗がチョコンと生えている姿はなんとも可愛らしい。実は、この構図にはコケの重要な機能がひそかに隠れている。その機能とは、「木のゆりかごになること」である。

木の種が倒木のコケの上に落ちる。適度な湿り気のあるコケのマットは、生まれたばかりの小さな木の芽生え（実生）を乾燥から守る。また倒木の上には雑草が侵入しにくく、コケのマットの上にいる限り、小さな実生は雑草に覆い隠されてしまう心配もない。おまけに土が乏しい倒木上は病原菌も少なく、病害からも実生を守ってくれる。こうして倒木の上に落ちた木の種は乾燥から、雑草の侵入から、そして病原菌からも守られ、すくすくと育つ。このように、倒木の上に生えたコケから新たな木が生えることを「倒木更新」といい、亜高山帯が更新していく際の重要なプロセスになっている。

やがて木が大きくなって、乾燥にも病害にも強くなり、草に覆われる心配もなくなる頃には、ゆりかごだったコケも、足場になっていた倒木も朽ちて消えている。そして数十～百年が過ぎると、コケから生えた実生は、立派な大木に生長している。いつかこの大木が倒れると、その表面がコケで覆われ、新たな実生を育むゆりかごとなる。コケに守られて育った木が、次は私の番といわんばかりに、次の世代の礎となるのだ。そこに人の世代交代をみてしまうのは、私だけではないだろう。

自然は本当によくできている。いつか科学技術が進んだら、人工的に生物はつくれるようになるかもしれない。しかし、生物同士の複雑なつながりまでつくり出すことは、不可

コケのゆりかご「倒木更新」
倒木の腐食・分解が進むとともに(写真1～6)、生えるコケの種類が変わっていく。

コケの森に住む小さな動物たち
写っているのはトビムシの１種。ずんぐりむっくりでなかなか可愛い。

能だろう。夜空に浮かぶ月にヒトを送れるほどの科学技術をもってしても、壊れた自然は元に戻すことができない。これは自然を破壊してはならない理由の一つである。

小動物のゆりかご

コケがゆりかごとなるのは樹木だけではない。森がシカやクマなどを育むように、小さなコケの森は多くの小動物を育んでいるのだ。わたしたちがコケは小さいと思っても、１㎜にも満たないような小動物からみたら、立派な森にみえるはず。コケの森はこれらの小動物の生活の場となるのだ。小動物のなかには、コケそのものやコケに溜まった有機物を食べたりする草食のものあり、コケに住む小動物を捕食する肉食のものあり。はたまたその生涯をほとんどコケのなかで過ごすものから一時的にコケを利用するものまで、その生態も種類もさまざま。森の大きな動物たちと同じく、これらの小動物も共生や捕食―被食、寄生など、それぞれが複雑な関係でつながり、森林における栄養塩の循環や腐食土の分解に貢献している。コケのつくる小さな生態系は、大きな森の生態系を維持するうえで大切な役割を担っているのだ。

では、この小さな生態系は一体、どのくらい豊かなのだろうか。ある研究によれば、約1㎠の面積のコケから、だいたい40匹の小動物がみつかったそうだ（元データから概算）。日本人の手のひらサイズの平均は、男性がだいたい140㎠、女性が120㎠なので、手のひらの下にあるコケには4800〜5600匹もの小動物がいることになる。

小さなコケの森

小さなコケでも、さらに小さな動物にとってみれば、立派な森になることを紹介してきた。もちろん、コケを利用するのは目にみえないほどの小動物だけではない。決して数は多

コケでつくった「オオルリの巣」（鳥川渓谷緑地［長野県安曇野市］所蔵）
美しい青色のオオルリはコケを利用して巣をつくる。巣のまわりをコケで編み、卵を産むところには胞子体を敷き詰める。寝心地もよさそうだ。

くはないが、ガやハエ、ナメクジの仲間などはコケを食料として利用しているし、里地のゲンジボタルは水辺のコケを好んで卵を産む。

また、鳥には巣をつくる素材としてコケを好んで使う種類が多く、なかでもオオルリなどはもっぱらコケだけを使って見事な巣をつくる。それも、ただの巣ではなく、かなり手の込んだ本格的なコケの巣だ。オオルリはまず、巣の外側をハイゴケなどの柔らかなコケで丁寧に編み上げる。

そして、内側にはコケの胞子体を美しく敷き詰める。そのあまりの出来栄えは、雛（ひな）が快適に過ごせるようにと、親の愛でコケの胞子体でつくった特製のベッドを用意したとしか思えないほど。不器用な私がつくるよりも鳥のほうがはるかに上手に快適な巣をつくってしまう。コケのベッドのなかで、オオルリの雛もきっといい夢をみるのだろう。

諸行無常の響きあり

亜高山帯のなかには一年中霧に覆われてしっとりとしていて、ひときわコケの多い場所がある。こうした森を「雲霧林」、別名蘚苔林（せんたいりん）と呼ぶ。蘚苔林という名は、霧がよくでるためにコケが多く生えていることに由来する（念のため、コケは蘚苔類とも呼ばれる）。なお、屋久島でコケがうっそうと生える景観から「もののけの森」といわれるところが蘚苔林にあたる。

蘚苔林ではその高い空中湿度を背景に、木の幹にも岩の上にも、さらには木の葉の上までコケが生える。枝からも木が垂れ下がり、見渡す限り、一面がコケだらけ。ここまでコケが生えると、もののけの森という言葉でさえ何か物足りず、もはや次元の異なる怪しささえ感じてしまう。蘚苔林は熱帯・亜熱帯の標高が高い山地に発達しやすく、屋久島の蘚

台湾の雲霧林（蘚苔林）
どこもかしこもコケだらけ。文字通り、足の踏み場のないほどにコケで覆われており、うかつに足を踏み出すこともできない。

苔林はほぼ北限にあたる。

どこもかしこもコケに覆われている蘚苔林。農村では雑草が、里山では落ち葉がコケの生育を阻んでいたが、ここではコケ同士が火花を散らすことがある。

例えば、小さな葉の上のコケたち。葉の上に生えるため、「葉上苔（ようじょうごけ）」とも呼ばれる。葉上苔たちの争いには、特別なルールがある。時間制限だ。たとえ常緑樹であっても、樹木はずっと同じ葉をつけているわけではなく、多くは1年で入れ替わっている。そのため葉の上で暮らすコケは、葉が落ちるまでの限られた時間のなかで、ライバルたちを押しのけつつ、侵入、定着、繁殖を済ませなければならない。そこで、コケたちはさまざまな戦略を駆使して、ライバルを出し抜き、いち早く生長しようと試みる。あるコケは蒴の中に胞子があるときから発芽して迅速に定着すること

葉上苔の1つ「ナガシタバヨウジョウゴケ」
葉上苔といっても、岩の上や木の幹にも生える。よく探すと都市の緑地でみつかることも。

で、胞子が定着して発芽するまでの時間を短縮する。また別のコケは、雌雄同株になることで（1つの株が精子と卵細胞の両方をつくる）、異性との出逢いを探す時間を省く。

葉上で生き抜くためにさまざまな工夫をし、葉上苔は短距離走を全力で駆け抜けるように我先にと生長する。ときにはより良い環境をめぐってライバルと小競り合いを繰り広げ、やがてこの競り合いを制したコケは、一枚の葉の上で押しも押されもせぬ王者として君臨し、コケの王国を築き上げることになる。しかし皮肉なことに、競争に勝ち残っても……いや、勝ち残ってしまったからこそ、このコケ王国はある日を境にして忽然と姿を消してしまう。タイムオーバー。そう、落葉のときがやってきたのだ。こうして枝からヒラリと舞い落ちる木の葉とともに、コケの王国は突如として幕を閉じる。

小さな葉の上で繁栄し、そして消えゆくコケの姿には、かの『平家物語』で語られた言葉が重なる。「祇園精舎の鐘の声、諸行無常の響きあり。娑羅双樹の花の色、盛者必衰の理をあらわす。おごれる人も久しからず、唯春の夜の夢のごとし」。

栄華を誇った平氏一門も、小さな葉の上の王国を築いたコケたちも、ずっと勢いを維持できるわけではない。常に変化し続けるのだ。今日の勝者が明日の敗者になりかねない。蘚苔林の葉の上で、人知れず、今日も小さなコケのドラマが静かに繰り広げられている。

小話6

コケの花ことば

コケには花がないので矛盾してしまうのだが、コケにも花ことばがある。ここは大らかな気持ちでコケの花ことばを受け入れることが大切だ。

コケの花ことばにはいくつか意味があるが、よく見かけるのは、「孤独」「物思い」「信頼」「母性愛」である。孤独、物思いはおそらくコケのイメージをそのまま表したものだろう。信頼については、例えば〝Rolling stone gathers no moss.〟のことわざの説明でみたように、コケが生えるほどに一つの場所や仕事にとどまっていることが信頼の証になるからだろうか。母性愛については、ぐっと謎が深まる。花ことばですらクエッションマークがつくのに、それに母性までかかわってくるのだ。ただ、母性を「小さなものを守り育てる」ととらえると、案外、この意味もすんなり納得できる。倒木更新のところで紹介したように、コケは小さな木の苗を守り、育てる。倒木更新は英語でnurse log（子守りをする倒木）ということからも、コケにほんのり母性を見出すことができる。

倒木更新だけでなく、小さなコケのクッションから草花などの芽生えをみかけることも多い。これも倒木更新と同じような仕組みで、コケの群落の適度な湿度が草花の種を乾燥から守り、育てているのだ。こうしてみると、コケの花ことばはよく考えられており、意外にもしっくりくる。ただ、花言葉に思いを込めて……とプレゼントするロマンチストな男子でも、コケの花言葉「孤独」「物思い」「信頼」「母性愛」を使いこなすのはなかなか難しいかもしれない。

苔から生えた草花
コケは無味乾燥なアスファルトの上にさえ、花を咲かせてしまう。

高山の章

厳しさがコケを強くする

雲の上の３０００ｍ級の山々では夏は短く、冬は長く厳しい。ヒトが定住するにはあまりにも過酷な環境である。もちろんこれはコケにとっても同じだ。しかし、これまで紹介してきたように、その繊細な見た目とは異なり、コケは意外にたくましい。一部のコケは長い時間をかけて厳しい自然の試練を乗り越え、ついには高山帯の環境にも適応してきた。しかも、私たちの予想の斜め上をいくやり方で……。厳しさが人を強くするかのごとく、コケさえも強くしているのだろうか。

全ての形に意味がある

高山のコケは、特徴的な形をしているものが多い。まずは高山でおなじみのタカネスギゴケをみてみよう。

タカネスギゴケは、小さな体に対して丸い大きな蒴をつけ、フワフワの帽子をかぶった可愛らしいコケだ。一見すると気がつきにくいが、このコケの葉をルーペでみると、葉の縁が表面を巻き込んで筒状になっている。「都市の章」で登場したハマキゴケの葉にも似ているが、葉の巻き込み方は少々異なる。タカネスギゴケの場合は乾湿にかかわらず、常に葉は筒状になったままなのだ。

フワフワの帽子が可愛い「タカネスギゴケ」

高山帯のやや日陰になった岩の上に生える。スギゴケ類の一種だが、ほかのスギゴケ類と形が大きく異なり、高山植物（ジムカデ）のような形をしている。これも厳しい高山に生えるための環境適応だろう。

タカネスギゴケの葉がこうした形をしているのは、もちろん高山環境への適応のため。気温が低い高山帯では樹林が発達せず、強い日光が直接コケの上に降り注ぐ。葉を筒状にすれば、厳しい寒さや強い日射から葉の表面を守るのに都合がいい。また葉をクルリと巻くことで、内部に湿度を保ちやすくもなる。

次は、高山で大きな群落をつくるシモフリゴケ。このコケは葉先に立派な長い

霜が降りたような「シモフリゴケ」
高山帯で大きな白みがかった群落をつくる。この白い色の正体は、葉先にある発達した透明尖。これほど立派な透明尖をもつコケも多くはない。

透明尖をもち、その名のとおり、まるで霜が降りたように白い。都市の章で紹介したように、透明尖には日射を防ぎ、乾燥を軽減する効果がある。透明尖が立派になるほど、その効果も大きくなる。すなわち、シモフリゴケは自らの透明尖に磨きをかけて、その効果を高めることで、高山に適応しているのだ。なお、厳しい高山では、シモフリゴケの他にも立派な透明尖をもつ種が多い。透明尖を発達させることは、高山のコケに広くみられる環境への適応戦略といえよう。

こうしてみると、高山のコケの環境適応は、都市でみたコケの環境適応と似ているところがある。都市と高山は全く異なる環境ではあるが、コケにとってみたら、どちらも暮らしにくい場所なのかもしれない。

コケは小さいがゆえに、わずかな環境の変化であっても影響を強く受けてしまう。その一方、ほんの少しの形態の違いでもって、環境の影響を調整することもできる。わたしたちの目線で見るとささいな形の違いであっても、コケの生死をわけるほどの調整になることもあるだろう。

コケだけでなく、生物の形には何らかの意味がある。ヒトも例外ではない。例えば、くせ毛（縮毛）。一般に、熱帯に住む人が縮れ毛で、寒冷地では直毛になる傾向がある。これは縮毛になることで、強い紫外線が頭皮に降り注ぐことを防いでいるという。一方、寒冷域では日光が弱いために、こうした縮れ毛が発達しにくかったとされる。オシャレの一部くらいにしか考えていなかった人間の髪の毛でさえ、長い進化の洗練を受けている。いわんや、小さなコケへの環境の圧力はすさまじいものがあるだろう。シンプルなコケの形は、進化という試行錯誤の果てにやっとたどり着いた、究極の形なのだ。

禁断の美しさ

　高山では気温が低く、菌類や微生物などの分解者の活動も制限されがちになる。そのため、生物の遺骸などが分解されず、栄養に乏しい。こうした高山にあって、栄養が豊富なものがある。動物のフンや死骸だ。この栄養にみちた排泄物を活用しない手はない。

　マルダイゴケの仲間は高山に分布し、このフンや死骸に特異的に生える。おまけに胞子体から、腐敗臭のような何とも言われぬ香りをだして、ハエ類をおびきよせる。そうしておびきよせたハエ類が、マルダイゴケの上を歩き回っているうちに、ベトベトした粘着する胞子をくっつけてしまうのだ。何も知らないハエ類は、この胞子をもって新たなフンや死骸を目指して飛んでいく。ハエ類を利用することで、マルダイゴケは確実に新鮮な獲物にたどり着けるというわけだ。フンや死骸に生え、そこにたかるハエを利用する。マルダイゴケの生き方には、踏み込んではいけない危険な世界の香りさえ漂っている。

　しかも、何とも歯がゆいことに、マルダイゴケは美しい。マルダイゴケの胞子体（蒴）は大きくカラフルで見栄えがして、「コケの女王」と呼ばれることさえある。フンのような栄養素に満ちたものを食料とすることでやっと得られる、禁断の美しさなのだろうか。それとも、フンに依存して生きていく状況を神が哀れみ、美しさを与えてくれたのだろうか。

幸か不幸か、マルダイゴケに出逢うのはあまり難しくない。高山帯のコケの調査をしていると、「ここにはマルダイゴケがある！」と、妙な勘が働いてしまうときがある。その場所は、登山道から見えづらい大きな岩の裏や、脇道の茂みなどだ。こうした場所を丹念にみると、何やら白いものがポツポツと……。分解されずに残っているティッシュだ。そう、これらのマルダイゴケが生えているのは、動物のフンや死骸の上ではなく、「ヒト」の落とし物の上だったのだ。

経験上、このようなマルダイゴケ・スポットは全くトイレがない登山ルートだけでなく、意外にも山小屋の近くにも多い。状況から判断すると、もてる力の全てで我慢してきたが、山小屋が視界にはいり、つい気が緩んでしまったのだろう。だが、気を緩めたら最後、もう後戻りすることはできない。如何ともしがたい状況になり、近くの岩の裏や茂みに駆け込んできたに違いない。生理現象には、ときには意思の力ではなんともならないこともある。

最近の登山ブームで登山者が増えているせいか、マルダイゴケの仲間をみる機会が以前よりも多くなったように思う。もちろん、ほとんどの場合、人の落とし物から生えてきた

コケの女王といわれる「マルダイゴケ」

カラフルで目立つ胞子体をもつ。この仲間は美しい胞子体をもち、動物のフンや死骸の上に生えるという生態をもつ。

と思われるものだ。そこにはいつも白っぽい何かがある。マルダイゴケにとっては、動物のフンもヒトの落とし物も大きな違いはないのだろう。むしろ、ヒトのものの方が栄養があっていいのかもしれない。

初めてマルダイゴケをみたときは、その美しさに感動し、一瞬のためらいもなく、マルダイゴケに顔を近づけた。しかし、その生態を知っている今は違う。マルダイゴケへの思いも、その「コケの女王ともいわれる美しさの称賛」から、「足元の落とし物への警戒」へと変わった。高山帯の自然環境は、貧栄養であるがゆえに維持されている。ここまでヒトの落とし物が多くなったら、環境に与える影響も、決して小さくないはずだ。いつか高山のマルダイゴケの調査をしようと思いつつも、なかなか気乗りせず、今に至っている。

出逢いをあきらめる

高山帯に生えるコケも、当然、次世代を残すために繁殖をしなければならない。ところが、低地とは事情が異なり、雄個体と雌個体が出逢うことで行われる有性生殖ではなく、もっぱら受精を介しない方法（無性生殖）で繁殖をする割合が高くなる種もある。無性生殖とは、無性芽や体の一部を利用して繁殖する方法で、受精がなくても、つまり異性と出逢わなくても繁殖ができる。

高地で無性生殖が好んで用いられることは、難しい生物の理論を引用しなくても、なんとなく感覚的に理解できてしまう。わたしたちも仕事や生活に手いっぱいだと、出逢いを探す余裕がない。きっとコケも同じなのだろう。自らが生き延びるだけでもなかなかに厳しい高山帯では、出逢いを探すのは二の次になってしまうのだ。なお、一部の種では雄のほうが環境ストレスに弱く、厳しい環境では雌ばかりになってしまうこともあるという。

ただ、無性生殖による繁殖は苦渋の決断だった、ともいえる。一見すると効率よくみえるこの繁殖法には、大きな欠点がある。生まれてくる次世代が、自分とまったく同じ遺伝子になってしまうのだ。

　この欠点は自分の身に置き換えてみるとよく理解できる。例えば、これから生まれてくる子孫たちが、自分とまったく同じ遺伝子をもつとする。見た目も性格も自分とそっくりになるはずだ。この同じ遺伝子をもつ人だらけになってしまったら、どう思うだろう?味気ないどころか、気味悪く感じるかもしれない。世の中はいろいろなタイプの人がいるために面白く、その関わりのなかに大きな発展性を秘めている。ときには気にくわないタイプや苦手なタイプもいるだろうが、そうした人たちがいるからこそ、好みのタイプもわかってくるし、自分自身を理解するきっかけにもなる。多様性があるからこそ、社会は成り立っているのだ。

　とりわけ、厳しい自然のなかで暮らすコケからみたら、同じ遺伝子タイプになることはかなりリスクが高い。仮に、この遺伝子タイプのコケが対応できないような予期せぬ環境の変化がおこったとすれば、その地域から種が一気に消失してしまうことさえあり得るからだ。こうしたリスクを避けるためにも、いろいろな遺伝子タイプのコケが共存していることが望ましい。大きなリスクを背負いながらもなお、無性生殖を行うのは、それだけ高山の環境が厳しく、出逢いが難しいことを意味するのだろう。

思わぬ伏兵

「越境大気汚染」という言葉を聞いたことがあるだろうか？　この言葉になじみがなくても、「ＰＭ」ならばほとんどの人が聞いたことがあるはずだ。時計の表示や某コンビニエンスストアのことではない。お天気情報などで耳にするＰＭ２・５などのＰＭである。

ＰＭとは、particulate matter の頭文字をとったもの。日本語では粒子状物質といわれ、非常に小さな固体や液体の粒子のことを指し、黄砂や粉じん、石炭や石油の燃焼などによって生じた粒子などが含まれる。なお、ＰＭ２・５とは、ＰＭのなかでも特に粒子の小さいもの（粒子の大きさが２・５μｍ未満）をさす。この用語をよく耳にするのは春先。春風にのってアジア大陸から大量のＰＭが日本にやってくるためだ。ＰＭには気管支炎などを引き起こす物質や、発がん性のある物質などが含まれているので、お出かけの際には注意しなければならない。

高山の山頂で景色を眺めながらお昼ご飯をたべているとき、ある疑問が頭をよぎった。視界を遮るものが何もない高山から遠くを眺めると、はるか大陸まで見渡せそうだ。逆にみれば、大陸で発生する汚染物質は、いとも簡単にここまで到達してしまうのではないか。ならば、大自然に囲まれて汚染とは無関係にみえる高山も、案外、汚染が進んでいるのかもしれない、と。

なかなかいいひらめきだったが、この推論を確かめるのは難しい。まず、高山で汚染物質の飛来を観測するには、それなりの装置が必要だ。森林の発達しない高山では強風が吹きすさび、冬は常に氷点下の世界になる。これらの悪条件に耐えうる観測装置を設置しようと思ったら、小さな山小屋をつくるくらいの気合が必要だ。もちろん、そんなものを高山帯につくろうなどと申請しても、そう簡単に許可が下りるはずがない。

そこで登場するのがコケだ。コケは葉の表面から水や栄養分を吸収しているため、大気汚染物質などを吸収しやすい。そこで、高山に生えるコケの中にある汚染物質を分析すれば、その場所における汚染の程度がわかる。大がかりな観測装置を設置せずとも、コケを利用することで、お手軽に環境評価ができてしまうのだ。

数あるＰＭに含まれる物質のなかで、私は「多環芳香族炭化水素（ＰＡＨｓ）」を調べてみることにした。ＰＡＨｓとはベンゼン環をもつ有機化合物で、石炭や石油などが燃焼する際に発生し、発がん性や環境ホルモン作用などがあることが知られる。イメージ的にはダイオキシンに近く、近年、注目を集めつつある危険な汚染物質だ。こんな危険な物質が高山帯に多く蓄積していたら、高山の自然環境を見直すきっかけになるのではないか。そこで、私は日本海側（富山県・石川県）から長野県・山梨県を通って、太平洋側（静岡県）にかけて高山を転々としながら、コケのＰＡＨｓを調べてみた。

結果は驚くべきものだった。なんと、一部の高山のコケには、都市部とほとんど差がないほど高濃度のＰＡＨｓが含まれていたのだ。そして、その成分を分析すると、予想通り、アジア大陸から由来しているものが多いという結果が得られた。おまけに、大陸からやってくるのはＰＡＨｓだけではない。当然のことながら、その他の大気汚染物質も飛来する。八ヶ岳で行った研究からは、窒素化合物が高山の生態系に強い影響を与える可能性があることもわかってきた。

先にも紹介したが、生態系は生物同士の複雑なつながりで成り立っている。高山に飛来するＰＡＨｓやその他の汚染物質も、何かしら生態系に影響を与えているだろう。しかし、生物同士のつながりは複雑であるがゆえに、ＰＡＨｓが生態系にどのように影響を与え、

八ヶ岳山頂（赤岳展望荘付近）からの眺望

遮るものがなく、はるか大陸まで見渡せそうだ。大陸から越境大気汚染が容易にやってくることが想像できよう。

それがどうやって生態系全体に作用していくのか予測・評価するのは難しい。

幸いなことに、今のところ、PAHsなどの越境由来の大気汚染物質が原因で山の生態系が大きく劣化したという話は日本では聞いていない。ただわたしたちが気づいていないだけかもしれないが……。いずれにしても、高山が予想以上に大陸由来の物質によって汚染されていることは、心にとめておかなければならない。

小話7
コケと石垣

里地にある古くからの面影が色濃く残る集落の街並みは、のんびり風情を味わいたい人にぴったりだ。生えているコケも、心なしか、懐かしい情緒を醸し出しているようにみえる。実はこうした街並みには絶好のコケスポットがある。そこは歴史ロマンあふれる土蔵の壁でもなく、小川のほとりにあるヤナギの樹幹でもない。道沿いや伝統的な家屋のまわりにある石垣である。

ほかの植物が入ってこられない石垣はコケにとって絶好の生育場所となり、もっぱら石垣に生えるコケもある。興味深いことに石垣のタイプによって、そこに生えるコケの種類も異なる。以前、さまざまなタイプ・年代の石垣があり、石垣の博物館と呼ばれる金沢城のコケを調査したことがあった。そこに生えるコケと石垣との関係を解析したところ、近代の均整のとれた石垣よりも、年代も古く、やや粗く組まれた石垣のほうがさまざまなコケが生育する傾向がみられた。これは後者のほうが環境が不均一で、さまざまなコケが生育できるからだろう。

なお、高い石垣はコケの観察にとって大変都合もいい。しゃがみ込まなくても、立ったままの目線でコケをみられるので、不審者と勘違いされにくいのだ。これまでの数多のほろ苦い経験から、私はいかに不審者とみられずにコケをみるか、さまざまなテクニックを編み出してきた。石垣の場合、これらのテクニックを用いずとも、違和感なく景色に溶け込むことができる。ただし、じっと同じ場所にとどまって石垣に張り付いているのはかなり怪しいので、そこは自覚して周囲に不快感を与えずに観察しなければならない。コケ観察の心得は、①自然を傷つけず、②迷惑をかけず、③コケを愛する、である。

ちなみに、石垣には意外なコケが生えていることがある。あのヒカリゴケだ。コケとい

祖父の家の石垣とコケ

石垣にはいろいろなコケが生えている。石垣の方位、地面からの高さ、石の種類、石の形状によってそこに生えるコケの種類も変わる。

石垣の隙間のヒカリゴケ（長野県駒ケ根市光前寺境内）
光前寺の境内ではヒカリゴケだけでなく、さまざまなコケが楽しめる。ヒカリゴケ本体は白緑色。上下の葉がつながった独特の形をしている。

えば、スギゴケ、ゼニゴケとともに名前があがる有名な三大コケの一つといっていい。武田泰淳の小説『ひかりごけ』で取り上げられたこともよく知られている。

ヒカリゴケが有名なのは、ずばり、光るからだ。ホタルにしろキノコにしろ、光るものにはヒトを惹きつける魅力がある。ただし、ヒカリゴケはホタルのように自ら発光しているのではない。細胞が鏡のような役割をして、入ってきた光をそのまま跳ね返すため、光っているようにみえるだけだ。ちなみに、光を跳ね返すのはコケの本体ではなく、糸のように地面を覆う体の一部（原糸体）である。コケ本体はちょっとなよなよしていて、それはそれで可愛らしい。

さて、このヒカリゴケが意外な場所から発見された。それは東京の中心「皇居（江戸城）の石垣」である。ヒカリゴケは本来深山（亜高山帯）に生育しているのに、なぜ、東京の真ん中に生えているのか。

一説によれば、江戸城築城の際の石垣とともにやってきて、環境の変化が小さい石垣の隙間でひっそりと生き延びてきたといわれている。ヒカリゴケは野外でも岩の間などに生育していることから、石垣の隙間はヒカリゴケにとって過ごしやすいのだろう。長野県にある光前寺（駒ヶ根市）の参道の石垣もヒカリゴケが見られることで広く知られている。光前寺のヒカリゴケがよく光ってみえるのは、例年4月中旬～10月下旬頃だ。

水辺の章

柳のようにしなやかに

コケといえば、渓流沿いでキラキラと輝く姿を想像する人も多い。雑誌などでよくみるコケの風景だ。水辺は湿度も高く、湿ったところが好きなコケにとっては理想的な環境の一つ。しかし、水辺にもいろいろなタイプがあり、湖や湿地、海、さらには温泉や排水路だって水辺に含まれる。そこでコケは、柳のようにしなやかに形や生き方を変えることで、多様な水環境に柔軟に対応している。

ちなみに、水のなかのコケというと「鮎が食べるコケ」とか「お風呂場に生えたコケ」を思い浮かべた人もいるかもしれない。しかし、これらはコケではない。前者は藻類で、後者はカビの仲間に含まれる。藻類とコケを間違えてしまうのはまだしも、コケファンの前でコケとカビを混同するのは避けたほうが無難だろう。これらは最初は区別がつきにくいかもしれないが、この章で紹介する水辺のコケをみたら、すぐに見分けるコツがつかめるはずだ。

水への複雑な思い

冒頭の話と矛盾するようだが、水辺のコケ全てが透明感にあふれてキラキラしているわけではない。例えば湿った岩に生えるカマサワゴケの葉は、やや白みがかっており、透明

水路で明るいクッションをつくる「カマサワゴケ」
都市〜里山にかけて広く分布。水際で黄緑色をした小さなクッションをつくる。葉はややV字になる。

感はほとんどない。どうしてこうした違いがあるのだろう?

　ここに、コケの水に対する複雑な思いがみえる。実は水辺に生えるコケであっても、あまりに湿りすぎるのは都合が悪い。光合成効率が下がってしまうのだ。コケは大気から取り込んだ二酸化炭素を材料として光合成を行って、エネルギーをつくりだす。しかし、二酸化炭素は水に溶けにくいため、コケの表面が水で完全に覆われてしまったら、

葉に水滴をつけるコケ「タマゴケ」

p.150で登場したタマゴケは葉によく水滴をつけることでも知られる。こうした水滴は朝露が降りた早朝にみられることが多い。

二酸化炭素を取り込むこともままならない。そこで、一部のコケは体に水がつきすぎないように、葉の一部を薄いワックスで覆ったり、小さな突起をもったりすることで、水をはじいている。

なお、このコケの葉の防水加工は、水辺のコケ以外にも広くみられる。朝方にコケをみると、コケの葉に小さな水滴の玉がまるで真珠のようについていることがある。これは、ワックスをかけた車のボディが水を弾き、水滴になっ

透き通るような「オオバチョウチンゴケ」
大型のチョウチンゴケ類で、水中〜水辺に生える。庭園や里山に多い。キラキラと透き通った色をしており、水辺のコケのイメージそのままだ。

てつくのと同じだ。これらのコケは、ワックスによって乾燥から身を守っていることも多いようだ。生きていくために水は必要だけれど、あまりに水で濡れすぎても困る……。小さな水滴を体いっぱいにつけている水辺のコケに、そんな水に対するアンビバレントな戸惑いがみえる。

渓流に生える

水辺のコケのなかでも、チョウチンゴケ類の透明感は群を抜いている。これは光合成などの生理活性が湿った環境に適応しており、葉に防水加工をする必要がないからだろう。

この仲間のコケでもっとも身近でよくみられるのはオオバチョウチンゴケ。オオバとは「大きい葉」の意味で、その名の通り、丸くて大きい葉をもっている。主に山地に生えているが、水辺であれば、都市部でもときにみられる。

実はオオバチョウチンゴケを含むチョウチンゴケの仲間は、かつては重要な研究対象とされていたことがあった。役にたたず、箸にも棒にもかからないと思われていたコケがなぜ研究対象になったのか。その理由は、チョウチンゴケ類がある種のアブラムシ（ヌルデシロアブラムシ）のライフスタイルにかかわっているからにほかならない。コケにアブラムシが加わっても、さらに輪にかけて役に立たない気もするが、この場合は特別。アブラムシの一種はヌルデという樹木に寄生し、五倍子（ごばいし）と呼ばれる虫えい（コブ状の突起）をつくらせる。五倍子にはタンニンが豊富に含まれており、タンニンは止血剤などの医薬やインクや染料の原料となる。聞くところによれば、ロケットの燃料にもなったという。

注目すべきは、このアブラムシとコケとの関係である。このアブラムシは、春〜夏はヌルデの上にいる。しかし、秋になると木から降りてチョウチンゴケ類へと移動する。そこで無性生殖をして、生まれた幼虫はコケの上で一冬を過ごす。そして春がくると成熟したアブラムシがヌルデへと移動して、ヌルデの葉に口針を挿入し、五倍子をつくらせる。こうしたライフサイクルをもつアブラムシを利用して五倍子の生産を増やすためには、チョウチンゴケ類を研究対象から外すことができない。なお、五倍子との関わりがコケの研究を始めるきっかけになった先生もいるそうだ。人生どこで出逢いがあるかわからない。

渓流の上にぶらさがる

渓流沿いは湿度が高く、コケも一段とみずみずしい。湿った岩場には所狭しとコケがひしめき合い、足の置き場もないほど。そこで、つい足元の輝くコケに目を奪われがちだが、目線を上にあげてみる。すると、木の枝からカーテンのようにコケがぶらさがっていることがある。

これはイトゴケと呼ばれるコケの仲間で、代表的なのはキヨスミイトゴケ。こうしたぶらさがるタイプのコケは空中の湿度が高いところに生える。この生態は、その形から容易に想像できる。木の幹に着生するのと比べて、空中からぶらさがっていれば、風に揺られて乾燥しやすくなる。そのため、常にしっとりとした環境でなければ、ぶらさがって暮

枝からぶらさがる「キヨスミイトゴケ」

木の枝などからぶらさがり、渓流沿いなど、湿度の高いところに生える。なお、キヨスミとは清澄山（千葉県）に由来する。

らすこともままならない。

最近、ひそかに気になっているのがお茶とイトゴケ類の関係である。こう言うと「イトゴケ類を煎じてお茶にするのか」と思われそうだが、決してそうではない。コケのお茶は試すまでもなく、まずいはずだ。

私が注目しているのは、イトゴケの生えている茶畑のお茶の味である。私の家には代々続いてきた茶畑があり、少し前までお茶を出荷していた。つい最近、茶畑のなかに

お茶畑の間に生えるキヨスミイトゴケ
山間部にある茶畑（静岡県浜松市）。お茶の木の間をよくみると……キヨスミイトゴケが生えている（円内）。なお、茶の木に生えるコケは少ない。

「キヨスミイトゴケ」が生えていることに気がついた。うちの茶畑は渓流沿いにあるわけではないが、山間部にあるために朝晩の気温の差が大きく、霧が発生しやすく湿度が高い。

なるほど、だからお茶畑なのにイトゴケ類が生えていたのか……と、ここで話は終わらない。これはお茶業界では広く知られていることだが、寒暖差の大きいところでつくられたお茶は、甘くおいしくなる。茶葉は太陽の光を浴びると葉のなかのカテキン類が増え、苦味・渋味が強くなる。しかし、霧がよくでるところでは太陽の光が適度に遮られるためにカテキン類の成分が少なくなり、適度に苦味・渋味が抑えられてマイルドな味になるのだ。よくよく考えてみれば、うちの茶畑がある地域は銘茶の産地として知られている。ほかのお茶がおいしいとされる地域も、いずれも山間部の霧が発生しやすい地域が多く、イトゴケ類が生えていたそうだ。きっとイトゴケ類はおいしいお茶がとれる環境の指標になっているのだろう。

もしかしたら、わたしたちは身近にある現象の意味をあまり深くは考えずに過ごしているのかもしれない。垂れ下がるコケがあることも、それが茶畑にある意味も、ふつうはそこに、何かしらの疑問をもつことがない。しかし、それらを結びつけたとき、目の前の現象にひそむ意味がみえてくる。「イトゴケ類が茶畑にある＝お茶がおいしい」。そう、実はコケがおいしいお茶がとれることを教えてくれていたのだ。身の回りのコケは、わたしたちが思っている以上に多くのことをそっと語りかけてくれているのだろう。

湖で丸まる

渓流が流れ着く先にあるのは、湖。意外にも、湖はコケにとってはなかなかやっかいな場所だ。湖の表面は明るくても、水深が深くなると光量がぐっと少なくなり、光合成に必要な光が不足してしまう。そのため、コケが生えることができるのは浅瀬に限られ、コケの生育に適した環境はそんなに多くはない。そこで、コケは少しでも生育できる環境を広げるべく、長く伸びるようになる。こうすれば、深い場所にいても植物の上方で光を受けられる。水中では浮力のおかげで体をがっちりと支える必要がないために、コケはぐんぐんと生長し、湖に生えるウカミカマゴケは30㎝以上の個体もある。

しかし、長く伸びることは、コケにとっては諸刃の剣でもある。本書で繰り返し出てきたように、コケには他の陸上植物に備わっている維管束がない。維管束には体を支える機能もあるため、これを欠くコケはか弱いのだ。そのため、長く伸びることで光合成の効率はよくなるが、他方、水流にもまれて体が引きちぎられてしまう危険は高まる。嵐のあった次の日に湖畔を歩くと、木や草などに混ざって、たくさんのコケの切れ端が打ち上げられている。その光景は、昨晩起こった湖底での悲劇を物語っている。

ただ、ちぎれることがコケにとって全てマイナスになるわけではない。ちぎれた個体のなかには新たな場所に運ばれて、定着するものもあるだろう。水生植物のなかにはこうしてちぎれた個体を利用して分布拡大を行っている種もある。コケだって、転んでもただで

夕日を浴びて郷愁漂う「マリゴケ」
マリゴケをつくるコケは複数種知られており、このマリゴケはウカミカマゴケで作られている。屈斜路湖のマリゴケは弟子屈町の天然記念物に指定されている。

は起きないはずだ。

国内の一部の地域では、打ち上げられたウカミカマゴケに混ざって、まん丸い球もみられることがある。これは、ウカミカマゴケの複数の個体が水流でより合わさってできたもの。マリモならぬマリゴケとよばれている。マリゴケは水流の強い湖でみられ、屈斜路湖（北海道）、猪苗代湖（福島県）などが有名である。しかし、残念なことに、水質の変化などもあって近年は減少しているようだ。もし見つけても持って帰ったり踏みつけたりしないよう、そっと見守ってあげよう。

温泉で耐える

温泉と聞いて、第一に浮かんでくる匂いは、卵の腐ったような匂いのする硫黄泉。その匂いの源は硫化水素である。硫化水素は生物にとって有毒で、硫化水素が吹き出る地域には、動物はいうまでもなく、草木すら生えることができない。こうした風景はこの世のものとは思えないということで、「地獄谷」などの名前がつけられていることが多い。

さて、あろうことか、こうした硫黄泉の近くを好んで生えるコケがある。その代表種はチャツボミゴケ。「茶」というよりは濃緑色に近い。硫黄泉近くの水辺に大群落をつくるので、なかなか見ごたえがある。一面コケに覆われた見事な景観から、群馬県中之条町にあるチャツボミゴケの群生地は国の天然記念物に指定されている。

なぜ、チャツボミゴケは硫黄泉近くに生育しているのだろう？　この謎は完全には解明されてはいないが、どうやらチャツボミゴケは、硫化水素の毒性が強いエリアを避けつつも、硫黄泉でつくられる強酸性の環境を好んで生育しているらしい。硫化水素への毒性には耐えられないとはいえ、強酸性の環境下で生きられる生物は限られていることから、チ

硫黄泉を彩る緑のじゅうたん「チャツボミゴケ」

穴地獄（群馬県中之条町）のチャツボミゴケ群落は2017年に国の天然記念物に指定された。周辺は観光地として整備されつつある。

ヤツボミゴケの硫黄泉への適応はなかなかのものである。

「銅ぶき屋根の下に生えるホンモンジゴケ」（104ページ）と同じように、チャツボミゴケの硫黄泉への適応は、やむを得ない選択肢だったのかもしれない。だれも好んで悪環境に生えようとは思わない。しかし、チャツボミゴケは草木との競争に敗れ、しょうがなく、ほかの植物から見放された硫黄泉近くに逃げ込んだ。住めば都というほど、平坦な道のりではなかっただろうが、気の遠くなるくらいの時間をかけて、チャツボミゴケは硫黄泉の環境に適応し、旺盛に生育できるようになっていったのだろう。

湿原に生きる

初夏～夏にかけては湿原の花々が咲き乱れる季節。ミズバショウ、ニッコウキスゲ、サギソウ……。これらの花を愛でるツアーも多く行われている。しかし、コケを対象にしたツアーは聞いたことがない。

この理由は説明するまでもないだろう。単にコケが地味で、色とりどりの花々と比べると、見劣りしてしまうためだ。「花のようにきれいだね」といったら褒め言葉になるが、「苔のようにきれいだね」は、遠回しの皮肉とさえ受け取られかねない。しかし、湿原のコケにはその地味な存在感からは想像もつかないほど重要な働きがある。この働きを知れば、色とりどりの花には敵わないとしても、コケの前でちょっと足をとめたくなるかもしれない。

湿原は大きく分けて3種類（低層湿原、中間湿原、高層湿原）あるが、これから話題にするのは高層湿原。標高や緯度が高く、やや涼しい地域に発達する湿原である。有名なのは尾瀬ヶ原（栃木県）だ。高層湿原の特徴の一つは、流れ込む河川や渓流がなく、雪解け水や雨水がたまってできること。河川から栄養分（栄養塩類）が供給されないために、植物が生長するのに必要な栄養素に乏しく（貧栄養）、高層湿原には木や草がなかなか侵入しづらい。

しかし、ミズゴケ類はこの高層湿原を絶好の生育地としている。園芸をする人は、ミズゴケと聞いてピンときたかもしれない。乾燥させたミズゴケ類は、山野草やラン類などを育てるときに培養土として使われている。このミズゴケが広く分布するため、高層湿原は別名「ミズゴケ湿原」ともよばれている。

貧栄養の湿原でミズゴケが旺盛に生育できるのにも理由がある。コケがもともと草木ほど栄養分を必要としないことに加え、ミズゴケ類は細菌類の一種（シアノバクテリア）と共生することで、大気から直接、栄養素を得ることができるのだ。そのため、他の植物が生長しづらい高層湿原でも、コケはぐんぐんと生長できる。

ここで強調しておきたいのは、ミズゴケなどによってつくりだされる高層湿原の機能である。涼しい地域に発達する高層湿原では、生物遺骸を分解する細菌類の働きが弱い。おまけに水面下は空気から遮断されているので、酸素を利用して有機物を分解する分解者（好気性細菌など）が不活性になる。たたみかけるように、周囲を酸性にするミズゴケ類が分解者の働きをさらに抑制するため、高層湿原では枯れた植物の分解がなかなか進まない。〝なかなか〟といっても、1年、2年ではない。1000年、2000年……場合によっては1万年近く前の植物遺骸が分解せずに残っていることさえある。こうして植物遺骸が完全には分解されず、有機質に富んだ土を「泥炭（でいたん）」という。

実はこの湿原の泥炭は、人類の未来を左右するといってもいい。植物遺骸を豊富に含む泥炭には有機物、つまり炭素（C）が多く含まれている。植物が完全に分解された場合、この炭素は二酸化炭素として大気中に放出されることになる。二酸化炭素は温室効果ガスの一つとして知られ、地球温暖化の原因でもある。こうした関係を考慮すると、ミズゴケ湿原は、本来ならば二酸化炭素として空気中に放出されているはずの炭素を地中にとど

雨竜沼湿原と泥炭

高層湿原（ミズゴケ湿原）では植物遺骸の分解が遅く、やや黒みがかった土「泥炭」ができる。泥炭をよく見ると完全には分解されていない植物遺骸が多く入っている様子がわかる。なお、北欧では、泥炭を燃料にして火力発電が行われている。日本でも、第二次世界大戦末期には貴重な燃料として使われていたという。

め、地球温暖化の進行を食い止めているのだ。たかがコケくらい……とコケにすることなかれ。日本ではミズゴケ湿原は多くはないが、世界的にみれば、実に陸地の3％がミズゴケ湿原といわれているほど、広大な面積をほこる。その多くは北欧やユーラシア大陸北部などの寒冷な地に広がっている。このミズゴケ湿原に蓄積されている炭素の量は、現在の大気中の二酸化炭素に含まれる炭素とほぼ同量と推定されており、地球上でもっとも大きな炭素貯蔵庫の一つであると考えられている。

美しく、可憐なミズゴケたち

数あるコケのなかでもミズゴケの色は変化に富む。しゃがみこんでよくみれば、淡い緑色から褐色、だいだい色、赤色、赤紫色、さらにはほんのりピンクがかったものまである。鮮やかさは花には敵わないが、パステルカラーの優しいふんわりとした色は、コケならではの可憐さである。ここで可愛らしいミズゴケ類を紹介することにしよう。なお、ミズゴケ類はそのすべてが指定植物（厳重に保護される植物）に指定されており、多くの地域では調査許可がなければ採集することはできない。あまりの美しさに欲しくなってしまう人もいるので、強調しておこう。

もっともメジャーな「オオミズゴケ」
温暖な地域にも分布するミズゴケ。山地の湿った地上などにも生える。

こじんまりとした「ウスベニミズゴケ」
紅紫〜濃紫色が可愛らしい。高層湿原に生える。

ほんのり紫紅色の「ゴレツミズゴケ」

体の一部が淡い紫紅色を帯びて美しい。産地は少ない。

柔らかくて繊細な「ワタミズゴケ」

やや小型のミズゴケで水に浸かるように生える。綿のよう。

ヒトには、簡単に手に入ってしまうものには価値を見出しにくいという悲しい性(さが)がある。もし値段が同じであったら、個人的には松茸よりも椎茸のほうがおいしいと思うのだが、その希少性ゆえに松茸に感じるトキメキは椎茸の比ではない。手の届かないところにあるがゆえに、ミズゴケの可愛らしさには一層磨きがかかるのだ。

海に生える?

街の中心から高山まで、ありとあらゆるところにコケがあると紹介してきた。が、一ヶ所だけ、コケがないところがある。海だ。もちろん、海にもコケみたいなものがあるが、それをヒトは海苔(のり)という。ノリは紅藻類や緑藻類などの藻類やシアノバクテリアなどの仲間で、決してコケではない。

コケを含め、多くの陸上植物は海水を浴びるような場所では生育できない。海水に含まれる塩(ナトリウム)が細胞に蓄積すると、さまざまな酵素の働きが阻害されてしまうためである。海浜には草木の一部が生えているが、これらの植物は葉のワックス(クチクラ)を厚くして塩分が体内に入ってくるのを防いだり、塩分を蓄積したり、あるいは排出したりする特別な仕組みをもっている。しかし、単純な体のつくりをしているコケには、こうした仕組みが発達していない。そもそも葉の表面から栄養分を吸収するコケにとっては、海水がかかるような環境に生えること自体むずかしい。都市の乾燥に耐え、硫黄泉の強酸性にも負けないコケも、さすがに海水のかかるところには生えることができない。海のコケは海苔に任せておくのが一番だ。

水の中のコケの森

コケのない海で終わるのも少し寂しいので、最後に、私の好きな渓流のコケの風景を紹介して、水辺のコケの締めとしよう。

場所は上高地。いわずとしれた長野県のメジャーな観光地のひとつだ。旅行者が目指す河童橋を越えて少し山手にいくと、水のなかに暗緑色のコケ「クロカワゴケ」の大群落がみえる。上高地はクロカワゴケの日本最大の群生地として知られている。穂高の山々をバックにして、清流のなか、ゆらゆらとゆれるクロカワゴケ。これほどまでに美しい水辺のコケの風景もそうそうないのではないか。

クロカワゴケは実に面白い形をしている。葉の付け根からみると、葉がきれいに二つに折りたたまれ、船底のような流線形になっているのだ。これは急流への適応だと考えられ

梓川（上高地）のクロカワゴケ

クロカワゴケとともに、イチョウバイカモが水中に大群落をつくっている。クロカワゴケの葉は中央で折れ、流線形になっている。

る。流線形になることで水圧を上手に受け流し、水流で引きちぎられないようにしているのだろう。ここでも、コケの形は物理の法則に見事にかなっている。

ちなみにクロカワゴケについては、興味深いデータがある、深山の章でも紹介したが、コケは小さな動物たちを養う森となる。これは水中でも同じだ。クロカワゴケにどのくらいの水生動物（メイオベントス）がいるかを調べた結果によれば、乾燥したクロカワゴケ10gあたりに約12万個体が、1㎡あたりだと約350万個体もの水生動物がいたそうだ。

これだけでもすごい数字だが、この調査結果にはさらに小さなプランクトン類は含まれていない。つまり、これらの生物も含めたら、コケのなかには天文学的な数の水生動物がいることになる。これほどまでにコケが水生動物を養うことができるのは、コケが小動物の住処となるうえに、コケの表面についた小さな有機物が小動物の餌になるからだと考えられている。上高地のクロカワゴケの大群落には、いったい、どのくらいの水生生物がいるのだろうか。

小話8

美しいコケリウムとは

近年のコケブームのなかでも、とくに脚光をあびているのがコケリウム（コケテラリウム）である。これはコケを小さな瓶（びん）のなかなどで育てるもののことで、手軽にコケを楽しめるためファンも多く、小さな部屋のインテリアとしての人気も高い。言うなれば、水草を楽しむアクアリウムのコケ版である。

しかし、コケリウムブームを手放しでは喜べない。最近では、深山のコケや希少なコケを使った作品も次々に紹介され、コケの乱獲を助長しかねない状況になっている。

ここで強調しておこう。「美しいコケリウム」をつくるために、わざわざ遠くまででかけてコケをとる必要はない。家の周りのコケだって深山のコケに負けないくらい美しいのだ。これを見過ごしがちなのは、もしかしたら、わたしたちは身近なコケの美しさに慣れてしまっているからなのかもしれない。美しい虹でさえ、十五分ほど続くと、人はもうみないというではないか。ちなみに、身近なコケは次のような魅力もある。

魅力その1：育てやすい

深山のコケは美しいが、気温や湿度の変化に敏感で育てづらい。一般家庭で育てていると、深山でみせた美しい姿とは全く異なってしまうこともしばしば。ちなみに、雑誌などに掲載されているコケリウムの作品はもっとも美しいとき、すなわち、作りたてに撮った写真であることも多いので、注意が必要だ。その点、家のまわりのコケは管理にもあまり手がかからず、美しい姿を長い期間維持することができる。

魅力その2：愛着がわく

身近なコケを育てていると、まわりにあるコケが気になるようになる。さらに、これらのコケは生活圏に生えているために、季節ごとにみせる変化も目に入りやすい。つまり、身近なコケをコケリウムにすることで、そのコケに愛着がわき、日々の生活のなかでコケに気をとめる機会も増える。

魅力その3：自然に優しい

かなり注意して気温や湿度を管理してあげても、残念ながらコケリウムのコケの形は少しずつ変わり、弱っていく。瓶のなかでコケを育てていると、どうしても、大気や雨から供給される栄養分などが不足してしまうのだ。この点からみても、身近なコケのコケリウムに大きな利点がある。コケが弱ってきたかな？　と思ったら、「ありがとう」とお礼をいってもとの場所にそっと返してあげればいい。そうすれば、数か月後にはきっと元気になっているはずだ。自然への影響も小さい。

身近なコケの美しさを知ってもらうため、

私が講義で学生さんたちとつくったコケリウムをいくつか紹介しよう。美しいコケリウムをつくるのに、珍しいコケは必要ないのだ。

学生のコケリウム
私の大学の講義「コケの世界」の課題のひとつ。厳しい課題の数々をこなし、学生はコケに親しんでいく。

味わう章

五感で
コケを感じる

都市〜高山、水中にいたるまでの、七つの舞台でコケの生き方をみてきた。小さなコケが時にみせるたくましさには感嘆させられる。その清楚でか弱い姿と裏腹に、なんと強い生きものなんだろう、と感じたかもしれない。しゃがんでみれば、身の回りがコケだらけなのも納得がいく。

だが、これまでの話とトーンとはうって変わり、終章ではコケが直面する危機について話を進めていく。これは他人事ではない。コケだけでなく、人類にとって、いや地球上全ての生物にとっても深刻な話になる。そこで、これまでの流れから少しクールダウンして終章に入るために、ワンクッションおくことにしよう。この話題として選んだのは「五感とコケ」。あなたの五感はどのくらいコケをとらえているだろうか？

視覚——「苔色」とはどんな色？

コケの色といえば、そのまま苔色。いわゆるモスグリーンを思い浮かべる。イメージとしてはコケの緑そのままで、一般的には灰色がかった暗い黄緑色とされている。しかし、私は自分の抱くコケのイメージから、モスグリーンは鮮やかな深緑色のことだとずっと思っていた。コケの緑をどう考えるかによって、モスグリーンと思っている色が人によって多少違うのかもしれない。

さて、日本にも伝統的に「苔色」があり、古くは平安時代から着物の色の合わせ方の一つとして使われていた。古来より、日本人は四季の移り変わりを愛で、着物の色や柄を組み合わせることで、季節の移ろいを表現していた。この着物の色の組み合わせを色目といい、聞くところによると、何百通りの色目があるそうだ。なお、季節にあった色の着物を着こなすことは、平安貴族の女性の教養の一つとされていたという。インターネットもファッション雑誌もない当時は、女性もさぞや大変だったことだろう。

さて、色目にもいくつかのタイプがあり、例えば、衣の表裏の色を変えて美しい色合いをだすこともあれば（重色目）、十二単衣のように、複数の衣を重ねて色のグラデーションを楽しむこともある（襲色目）。苔色が登場するのは重色目のほうだ。つまり、衣の表地と裏地の色を変えることで、苔を、さらには、季節を表現することになる。

「苔色というからには異なる緑の組み合わせで、季節は梅雨時を表すのだろう」。そんな想像をしてしまうかもしれない。しかし、実際は色の組み合わせも、それが表す季節も違う。苔色の色目は表が濃香（赤みを帯びた明るい茶色）で、裏が二藍（赤紫〜薄い青紫）、表す季節は冬。このイメージの違いは一体、どうしたことだろう。

濃香色と二藍

自然由来の染料で染められていたため、こうした伝統色には多少、幅があったようだ。

コケが冬を表すのは何となく理解できる。春から秋は鮮やかな花々や美しい紅葉が目白押しで、季節の移ろいを表すのにコケが出る幕がない。そこで、多くの草木が枯れる冬になって、やっとコケが出てくるのだろう。

でも、茶色と紫の組み合わせがなぜコケなのか。これは色覚ではなく、感性でコケをとらえてみると、意外にしっくりくる。濃香色と二藍の上品な色の組み合わせは、コケが醸し出すわび・さびの風情にぴったりではないだろうか。感性に優れた平安貴族であればこそ、時代を先取って、コケの醸し出すわび・さびの風情を感じていたことは十分にあり得る。その一方で「冬らしい茶色と紫の色目を表す草木がないから、とりあえずコケに当てはめてみたよ」なんて軽いノリで苔色と名付けてしまった可能性も否定できない。私としては平安貴族の鋭い感性を信じたい。

味覚――コケはおいしいか？

コケの質問でよくあるものが「コケは食べられるか？」というものだ。

コケにはキノコのように猛毒を含むものは知られていない。しかし、そこまで強くなくても、ちょっとした毒ならあるかもしれない。現に、欧州ではある種のコケが原因でかぶれることが報告されている。いずれにしても、ご先祖たちが「食べない方がいい」と食材にしなかったものを、あえて食べる必要はないだろう。

これは海外の事例だが、コケのなかでミズゴケだけは広く食用にされている。北欧ではパンケーキにミズゴケ類をまぜて、歯ごたえをよくするそうだ。なお、国内ではミズゴケを天ぷらにして食べると紹介されていることがある。しかし、繰り返しになるが、日本ではミズゴケ類は絶滅の恐れがあると厳重に保護されているため、食用になるコケはないと考えなければならない。

なお、「コケは生で食べられる」という人もいるが、これは極めて危険な行為であろう。「深山の章」「水辺の章」で紹介したように、コケのなかには数えきれないほど多くの小動物がいる。これらはタンパク質源にはなるかもしれないが、どうみても健康に影響がないとは思えない。エキノコックスで知られるように、寄生虫による感染は、10～20年たってから初めて影響がでる場合もある。身近でおいしいものが食べられる現在、あえて危険をおかしてコケを食べる必要はないだろう。

このように、コケを食べることにいかにも慎重な態度をとってはいるが、そんな私も、何も恐れを知らない学生の頃、コケの味を極めようとしたことがあった。これにはちょっとした背景がある。ある秋の夕暮れ時、某キノコ系の研究室の前を通ると「○時からきのこパーティー」という張り紙があった。そのとき、心の奥底にジェラシーに似た感情が芽生えたのを感じた。キノコパーティーは開けるのに、なぜコケパーティー（コケパ）はないのか？　私もいつかコケパを行いたいと。

そこで、コケと食料との関係を探ってみると、かつて、コケを家畜の飼料に用いようという研究が行われていたことがわかった。この研究によれば、コケにはミネラルが豊富に含まれていて、コケを食べさせることで家畜もそれなりによく成長するという。家畜が食べて大丈夫ならば、ヒトが食べても問題はないだろう。

こうして、コケパ開催の野望を胸に、その旨味を極める日々が続く。あるときは乾燥させて干物とし、またあるときはあぶったり、煮だしたりする。ときにはコケからごくわずかにしか採取できない胞子体のような、マグロでいえば大トロのような希少部位を集め、その美食の限りを尽くそうと試みた。

結論からいえば、コケパは夢のまた夢だった。コケは何をやってもまずいのだ。少なくともおいしいことはない。生で食べれば独特の苦みや青臭みがあり、焼いたところで炭っぽくなるだけだった。苦労して集めた胞子体の束はやたらと歯の間にひっかかり、おまけにたいした味わいはない。食感としては、干からびたアルファルファを食べているのに似ている。たとえ一流のシェフがコケを料理したとしても、コケ料理よりはスーパーのお惣菜のほうがはるかにおいしいだろう。ご先祖たちがコケを食べなかったのは、やはり正しかったのだ。

ただ、コケパを開くこともできないコケを「やっぱり役に立たぬ」と思ってしまうのは早計だ。コケのまずさは、突きつめて考えてみれば、コケの身に着けた高度な防御機構の現れともいえる。冒頭で紹介したように、コケの体は単純な構造をしており、木や草のように体を守る鋭いトゲも、葉の表面を鎧のように覆うクチクラもない。このままでは、簡単に病原菌の侵入を許したり、昆虫の格好の餌になってしまう。そこでコケは化学物質による防御を編み出したのだ。体を強い鎧で覆うかわりに、内部を抗菌性があるテルペン類や苦みのある物質でみたすことで、細菌による侵入や昆虫による捕食を防ぐ。こう考えて

コケはおいしい？
ヤクシカがコケを食べているように見えるのだが……鼻先でコケをはねのけて、まわりの雑草を食べていた。シカにとってもコケはまずいようだ。

みれば、コケがまずいのも納得がいく。自らの身を守るため、まずくなる道を選んだのだ。

嗅覚――奥が深いコケの香り

コケの味に続いて、登場するのはコケの匂いだ。匂いはヒトにとって特別な存在である。五感のなかで唯一、嗅覚の刺激だけが、喜怒哀楽などの本能を司る大脳辺縁系に直接伝わる。そのため、匂いは本能にダイレクトに作用し、香りを嗅いだときにそれが何であるか分析する前に、その匂いが好きか嫌いかなど、感情的な反応が起こるという。ときには香りをきっかけにして、以前の記憶や感情が蘇ることもあるそうだ。これは「プルースト効果」と呼ばれ、フランスの作家マルセル・プルーストに由来する。

　では、コケの香りは私の感情に何を語りかけるのだろうか。それは、私がはじめてナンジャモンジャゴケに出逢ったときのこと。地べたに張り付いてコケを観察していると、ふとシナモンの香りがした。その芳香があまりにもリアルだったため、シナモンが入ったおやつでももってきたかな、と疑ったほど。しかし、この匂いの元はナンジャモンジャゴケだったのだ（注：シナモンに含まれるクマリンという香り成分がナンジャモンジャゴケにも含まれている）。コケがシナモンの香りなんてありえない……と思うかもしれない。でも、これは真実なのだ。このどこか狐につままれたような感じさえする不思議な出来事は、私の本能を強く揺さぶり、コケの香りの世界へと誘っていった。

　ナンジャモンジャゴケはたいへん珍しいコケで、日常で出逢うことはまずない。しかし、珍しいコケでなくても、身近なコケのなかにもいい匂いがするコケがある。例えば里山でよくみられるヒメトサカゴケ。別名、ニオイウロコゴケという。手に取ってみるとほのかに甘い香りがする。また、しっとりとした森にいったら、コケそのものはみえなくても、

シナモンの香りがする「ナンジャモンジャゴケ」
パンチの利いた名前が印象的なコケ。最も原始的なコケ植物の一つとされる。

その芳香でカビゴケの存在がわかる。その香りは決して「カビ」の香りではなく、むしろ清涼感さえある。これだけ多くのコケが匂うのなら、未知のかぐわしいコケもあるかもしれない。

コケの匂いもなかなかに奥が深い。生のコケは匂いがしても、乾燥すると匂いが消えてしまうこともある。天気にも注意が必要だ。雨が降った後は匂い成分が流れ出てしまうせいか、匂いが薄くなる気がする。コケの匂いを嗅ぐなら、晴れた日に限る。実際、コケの細胞は物質

ほのかに甘い香りがする「ヒメトサカゴケ」
多くの無性芽を葉の縁につける。葉の形がわからなくなるほど。

を透過しやすく、雨の後には小さな物質は細胞内部から外部に流れ出てしまうことが報告されている。

コケの匂いをかごうとして、ときには地べたのコケに顔を近づけている姿は奇異にうつったかもしれない。でも、これもコケの香りを究めるため。その道を究める過程は、ときにヒトには理解されないものだ。かの天才画家といわれるゴッホでさえ、その絵が売れ始めたのは死後というではないか。人目を気にせずに研究に邁進(まいしん)した甲斐あ

清涼感のある香りの「カビゴケ」

葉上苔の一つ。小さいが、その強烈な臭いで近くにカビゴケがいることがわかる。

ってか、着々とデータは集まってきた。ツボミゴケ類はほのかに甘い香りがするものが多く、ゼニゴケ類の香りも種によっては悪くない。しかし、これらの匂いは持続しない。慎重にコケの香りを吸い込み、全神経を嗅覚に集中させて、残り香のごときわずかな芳香を探る。勝負は一瞬だ。

だが、この試みはある日を境に一気に下火になる。それはマルダイゴケの香りをかいだときのこと（p.192）。研ぎ澄ました嗅細胞に、何とも言えない悪

倒木にフカフカのマットをつくる「ミヤマクサゴケ」
じゅうたんのような手触り。倒木の上を一面覆うほどの大群落をつくることも。

臭が容赦なく突き刺さり、何かが心の中でプツッと切れて、マイブームは終わりを告げた。

触覚——フカフカマットの手触り

この本の読者に聞くまでもないかもしれないが……コケを触ったことはあるだろうか？（きっとあるはずだ）。コケの手触りは、湿ったときと乾燥したときで異なる。一般的に、乾燥したときのほうが手触りがいい。例えば、ヒノキゴケは動物の毛並みのような手触りが、倒木上に生えるミヤマクサゴケはまるで

葉が根元からポロリと落ちる「ヤマトフデゴケ」
写真は兼六園。兼六園のヤマトフデゴケ群落は生えそろっていて美しい。

ビロードのような手触りが、ホンモンジゴケは低反発クッションのような感触がある。ホソウリゴケに関しては某地方を走る電車の座席シートに色も手触りも似ている。

ここでひとつ、注意がある。コケの手触りがいいからといって、乱暴に触ってはいけない。私たちがたいした影響はないと思っても、体のつくりが華奢なコケにとっては大きなダメージになることもあるからだ。インターネットや一部の書籍では「コケは踏んでも平気なすごい

葉がポキポキと折れる「タカネカモジゴケ」
主に深山（亜高山帯）の樹幹に生える。葉が途中で折れている（円内）。

生物」などという記述を見かけることがあるが、これは間違っている。ゼニゴケの無性芽などなら、踏まれても、むしろ好都合とばかりに足の裏にひっついて移動することもあるが、一般にコケは踏まれることに脆弱である。ある研究によれば、もっとも踏みつけに弱い植物の一つがコケであった。

しかし、コケのなかには優しく手を触れただけでも葉がポロポロと落ちてしまったり、折れてしまったりするものがある。これは触れ方が悪かったわけでも、コケが弱っていたわけでもない。そういう生態をもっているのだ。これらのコケは葉などの体の一部を無性芽のように利用し、折れた葉から繁殖している。いわゆる無性生殖だ。こうした繁殖戦略は、とくにセン類で広くみられる。

葉の折れ方にもいろいろあり、ヤマトフデゴケのように生え際から葉がポロリと落ちるタイプもあれば、タカネカモジゴケのように葉が折れるタイプもある。一見弱そうにみえるコケではあるが、実は葉が一枚あれば、そこから復活するというたくましさを併せもっている。しかし、これは一部のコケだけであって、多くのコケは華奢で弱いことを忘れてはいけない。

聴覚——コケの語感を真剣に考えてみる

「コケ」とおもむろにいってみる。コケという響きには、不思議とどこか独特のユーモラスな響きを感じないだろうか。もし、コケという名がなく、専門用語の「蘚苔類(せんたい)」の呼び名が使われていたら、コケの印象も違っていたのかもしれない。では、なぜ「コケ」に独特の響きがあるのだろう？　このような他愛のない話題を専門誌などで論ずる機会はなかなかないので、この機会に少し考えてみたい。

言葉のひびきのイメージを探るとき、同じ発音をもつ言葉の意味が大きく関係してくる。例えば「さくら」と「ひまわり」という女性の名前があるとしよう。この響きだけで、「さくら」は和風な、「ひまわり」は明るい女性を想像してしまう。これは同じ発音の花のイメージがそれぞれの名前に重なってくるためだ。

では、「コケ」という発音をもつ言葉で、わたしたちがもっとも慣れ親しんでいるのは何だろう。言葉のイメージが定着しやすい幼少期までさかのぼれば、「コケコッコー」ではないだろうか。詳しく説明するまでもなく、これはニワトリの鳴き声を音で表したものだ。小さな子どもと話すときには、ニワトリそのものを「コケコッコー」ということもある。犬をワンワン、ネコをニャーニャーというように、音をそのまま書き記し、単語としたものを擬声語（オノマトペ）という。擬声語は幼児語としても好んで用いられるせいか、どこか柔らかく、優しい雰囲気がある。このオノマトペの効果を考慮すれば、コケコッコーのイメージが「コケ」という言葉の柔らかなイメージの基礎をつくっているという推論は、あながち間違っていないはずだ。

そして、コケコッコーで柔らかくなったコケの音に強力なスパイスが加わる。「コケる」だ。例えば、児童文学シリーズのひとつに『ズッコケ三人組』（那須正幹著）があるように、幼少期に「コケる」という言葉がやや面白おかしく使われている場面に触れる機会が多い。さらに関西にある某劇場では、ここで笑うべきというタイミングで大げさにコケることで笑いをとりにいくパフォーマンスがお決まりになっている。こうしたお笑い文化の影響があってか、「あの映画は期待はずれだった」というより「あの映画はコケた」というほうが、ちょっぴり面白おかしく聞こえるのかもしれない。

以上のように「コケコッコー」や「コケる」に偶然似てしまった発音が、コケの優しく、ユーモラスな響きに関わっているのではないだろうか。ちなみに、今は全く使われていないが、かつてはコケの呼び名として使われていた「もけ」もなかなかよかったな、と思ってしまうのは、私だけではないだろう。

コケコッコーといえば「ニワトリ」
お世話になっていた方が飼っていたニワトリ。

ニワトリに関連した名をもつ「トサカホウオウゴケ」
名前は葉の縁にある大きなギザギザ（鋸歯）を鶏冠（とさか）にみたてて。

小話9

コケブームに思う

私がコケの研究を始めた頃、現在のようなコケブームがくるとは夢にも思わなかった。もちろん、一定のコケファンはいたのだが、一般の人の間で話題に上ることは少なく、旅行雑誌でコケの名所めぐりが企画されることや、コケをテーマにした漫画ができることなんて誰が想像できただろうか。

思い返せば、コケブームの兆しがみえたのはコケ玉が広がった頃だ。インテリアとしてのコケ玉が注目され始め、おしゃれな雑貨屋さんでもコケ玉をみかけるようになった。その後、しばらくは小康状態がつづいていたが、デジカメやSNSが普及するに伴って、コケの美しい写真を目にする機会も増えたためだろうか。小さなコケの美しさに魅了される人も多くなったようだ。ちなみに、この頃はちょうど格差社会が問題になり始めていた時期でもある。もしかしたら、こうした社会的な背景で日本人の心が疲れてきたこともコケに癒しを求めるようになった一因なのかもしれない。

そして、近年は毎年のようにコケの本が出

家のまわりのコケを利用したコケ園芸
親戚の家のコケ盆栽。コケは家の周りに生えているものが上手に使われている。

版されるようになり、コケが好きな女性たちを指す「コケガール」などの造語もできた。一部では、コケガールコンテストまで行われたことがあるほど。こうしたコケの人気の広がりとともに、現在は各地でコケのスペシャリスト、コケアーティスト、コケの伝道師など、さまざまな称号を名乗る人たちが次々に現れている。私もコケのプロとして、何かかっこいい称号を名乗ってみたいとも思うのだが、恥ずかしくて名乗れずにいる。せいぜい、学生時代に「コケの公（きみ）」というあだ名をつけられたくらいである。

近年のコケブームに比例するように、これまでになかった依頼もいろいろと受けるようになった。これまでは「コケ庭を美しく管理したい」「屋上緑化にコケを用いたい」などの依頼が多かった。しかし、最近では「コケを利用し、和をテーマにした高級マンションをつくりたい」「芸術作品にコケを生やしたい」『コケを利用した街づくりをしたい』など、コケの存在を一つのステータスとして利用するような依頼が増えてきた。

こうした流れがいいかどうかはわからない。ただ、コケブームに乗っかってコケをつかって商売する人やコケを利用しようとする流れが強くなる一方で、それを保全しようという声があまり上がっていないことを私は強く懸念している。ブームは所詮、ブームに過ぎない。コケや自然に対する正しい理解がなければ、コケの乱獲をあおり、野山のコケの多様性を大きく劣化させることにさえなりかねない。

今のコケブームは、まるで過去の山野草ブームのようだ。山野草の人気がじわじわと高まり、野山からセッコクなどの希少な植物が片っ端から採取され、すっかり姿を消してしまった。同じように、各地で美しいコケが消えつつある。この過ちを繰り返さぬよう、コケの一専門家として、私はコケブームが誤った方向に進まないように導いていかなければならない。

私は、自然の美しさを、生態系の重要性を、そして研究者としてどうあるべきかをコケに教えてもらったと言っていい。正しい先導役になることが、コケへの恩返しの一つだと思っている。この自分の役割をやり遂げたと思えたときこそ、かっこいいコケの称号を名乗ることができるだろう。

終章

小さなコケが教えてくれること

さて、「五感とコケ」でクールダウンしたところで、いよいよ本書のクライマックスに入ろう。

あるときは都市の厳しい環境に耐え、またあるときは山のしっとりとした環境で平和に暮らすコケ。しかし、たとえどんなにコケがたくましくても、また、理想的な環境に生えていたとしても、現在、日本各地でコケが消え始めている。いったいコケに何が起こったのだろうか。そして、消えゆくコケたちは、何を語ってくれるのだろうか。

コケブームの功罪

コケが消える原因で一番わかりやすいのが、直接的なヒトの影響。つまり、踏みつけやコケの乱獲である。近年のコケブームの盛り上がりと比例するように、各地でこの問題は深刻になっている。コケの観光地では人による踏みつけでコケが消えて裸地化が進んだり、一部の愛好家や業者による大規模な採取でコケがごっそりなくなってしまったところもある。ある有名なコケ庭では、大胆にも昼間からコケ庭のコケをリュックにいれて持ち帰るという窃盗事件まで起こった。インターネットで少し検索すれば、採取が禁止されているる地域からコケをとってきたことが平然と紹介され、ときには丁寧に産地つきで販売されている。コケインテリア（コケリウム）を紹介する書籍などでは、深山のコケを利用した作品が広く紹介されているし、テレビでは山からコケをとってきてこんなに儲かった、なんて話が放映されたことさえある。

大規模なコケの採取は言うまでもなく、ちょっとした摘み取りでさえもコケに大きなダメージを与える。「深山の章」で紹介したように、一つまみのコケには、数十年もの時間が詰まっていることもある。さらに、直接摘み取ったコケだけが消えるわけではない。コケが採取されたところから乾燥化が進み、コケ地が大きく衰退してしまうことさえあるのだ。

コケ地に空いた小さな穴からコケが消えていく様子を、私は実際に観察している。ある実験に利用するサンプルを採取するため、大学構内のコケ地から一つまみコケを採取した。数週間後、同じ場所を通ると、コケの穴が大きくなっていることに気がついた。観察を続けていると、この穴はみるみるうちに大きくなり、数か月後にはコケ地はすっかり消えてしまったのだ。「都市の章」で紹介したように、小さなコケはまわりのコケとスクラムをくんで乾燥に抵抗している。どうやら、コケ地に空いた小さな穴はこのスクラムを崩してしまうらしい。小さな穴から周囲へとドミノ倒しで乾燥が進み、バタバタとコケは枯

コケが違法採取され、ぽっかり穴が空いた庭園（福井県勝山市）
回復するまでどのくらいの年月が必要になるのだろうか。

れていく。結果、コケ地そのものが消えてしまうのだ。

『コケはなぜに美しい』というタイトルの本が出版されるほどに、コケは美しい。ただし、コケがこれほどまでに美しいのは、大自然の中に生えているからなのだ。厳しい自然の試練に耐え、ときには自然の恵みを享受しながら生きていくからこそ、コケは美しく輝く。たとえどんなに丁寧にコケを管理し、育てたとしても、自然にあるコケの美しさには決して敵わない。われわれコケファンとしては、自然のコケをとって愛でるのではなく、いつでも美しいコケを楽しめる豊かな自然を守っていくことこそ、あるべき姿ではないだろうか。

灼熱の都市

ここ最近は毎年のように最高気温が更新され、夏が長くなり、冬が短くなったように感じる。もちろん、これは思い過ごしではない。例えばこの100年ほどの間に、東京の平均気温は約3℃も上がっているのだ。3℃と聞くと、たいしたことないように思えるが、この値は数値以上に深刻である。例えば、東京都と鹿児島県の平均気温の差が約2℃である。つまり、単純に換算すれば、現在の東京の気温は、100年前の鹿児島の気温よりもはるかに暑いことになる。

では、なぜこんなにも気温が上がってしまったのだろう？　この問題は後で述べる温暖化とは分けて考えなければならない。都市の気温上昇の主な原因は、地球レベルの人間活動ではなく、都市で盛んな人間活動が原因なのだ。

具体的には（1）都市が熱を吸収しやすいコンクリートなどの人工物で広く覆われて熱がこもりやすくなったこと、（2）自動車やエアコンなどによる排熱量が増加し、街その

夏の暑さで枯れたウマスギゴケ（京都市内）
枯れたウマスギゴケ。夏の暑さと乾燥はコケに大ダメージを与える。

ものから発生する熱量が増えたこと、（3）都市の緑地が大きく減ったこと、などが都市の気温上昇に関連している。また、感覚的には、（4）熱くなった人工物が熱（輻射熱）を出すため、気温の上昇以上に都市が暑くなったように感じる、こともあるようだ。こうした人間活動の影響で都市の気温が上昇することを「ヒートアイランド現象」という。ヒートアイランド現象は日本の都市に、いや世界の都市に共通する深刻な問題だといっていい。

都市の酷暑はヒトにとっても厳しいが、エアコンの効いた部屋に避難できないコケにとってはもっと深刻だ。気温が上がれば湿度が下がり、コケの体内の水が奪われやすくなる。コケには乾燥に非常に強いものもあるが、乾燥に弱いものはふつうの草木よりもはるかに弱い。その結果、都市の酷暑に耐えきれなくなったコケから姿を消し始める。

都市のコケが消えて困るのはコケファンだけだろう、と思ってはいけない。たしかにコケファンへのダメージは計り知れないが、場合によっては、観光産業にまで影響を及ぼすことだってある。コケが主役となるコケ庭の景観が変わってしまうのだ。コケ庭の人気は根強く、日本人だけでなく、海外からの旅行者にとっても魅力的なコンテンツである。このコケ庭が劣化したとあっては観光地の沽券(こけん)にもかかわってくるだろう。

残念なことに、この変化はコケ庭の本場、京都ですでに始まっている。ヒートアイランドの影響の強い中心部ではコケの生育環境が悪化し、乾燥に弱いコケたちが姿を次々に消し始めている。京都を観光がてら中心部から郊外へとコケ庭をみながら歩いてみれば、コケ庭の違いを実感できるはずだ。市街地のコケ庭は乾燥に強いハイゴケやウマスギゴケに覆われている。しかし郊外に進むにつれて、市街地ではみられなかったヒノキゴケなどのしっとりとした環境を好むコケに覆われたコケ庭がみられるようになる。こうした市街地から郊外にいたるコケ庭の変化を解析したところ、市街地における強いヒートアイランドに伴う乾燥化の影響で説明することができた。もし、このままヒートアイランド現象が進んでいけば、そのうち市街地ではコケ庭の維持さえ難しくなるかもしれない。

では、どうすればヒートアイランドの影響が軽減できるのだろうか？　もっとも効果的な解決策は、原因を断つこと。つまり、コンクリートやアスファルトで覆われたところを緑地に変えたり、都市で使用されるエネルギーを減らしたりすることだ。そうすれば、都市に熱がこもりにくくなるだろう。

しかし、理想的な解決策はわかっていても、これを実際の行動に移すのは難しい。例えば、アスファルトの道路を未舗装路に変えたり、エアコンの使用時間を制限したりしたら、間違いなく苦情が殺到するはずだ。それどころか、今、京都では観光客の急激な増加に対処すべく、新しいホテルやマンションの建設ラッシュである。社会の流れはコケ庭の理想とは完全に逆方向に向かっている。

都市レベルでの対応が難しいのならば、緑地レベルで管理手法を工夫するしかない。そこで現在、京都市内のいくつかのコケ庭関係者の協力を得て、ヒートアイランド現象の影響を軽減するコケ庭の管理方法をいろいろと試している。試行錯誤しつつも、やっとコケ庭のよりよい管理方法について、徐々に成果が出始めた。抜本的な解決にはならないが、なんとか現状を乗り切るしか手立てはない。

ヒートアイランド現象の原因を突きつめて考えてみると、利便性を追求した都市の生活にある。アスファルトがあるからこそ自動車でスムーズに移動でき、エアコンがあるからこそ灼熱の夏でも快適に過ごせる。しかし、皮肉なことに、利便性と環境とは相反する関係にあることが多い。アスファルトで街を覆ったり、エアコンを使ったりすれば、ヒートアイランド現象の原因になるし、自動車に乗れば排気ガスで大気が汚染される。極論をいえば、「環境を犠牲にして便利な生活を送るか」、もしくは「便利な生活をあきらめて環境を守るか」の選択になる。

歴史を振り返ってみると、便利な生活に比重がおかれてきた結果、多くの環境問題が生じてしまった。そこで、現在は両者のバランスをとる方向に世の中がシフトしつつある。「エコ」「省エネ」などの言葉を最近よく耳にするようになったのも、こうした時流の変化によるのだろう。ただ、現状をみれば社会の潮流の変化よりも、環境の変化のほうがずっと早く進んでしまって、環境問題は年々深刻になっている。

利便性と環境について考えるとき、私は「ドラえもん」と「トトロ」を思い浮かべる。

前者は科学技術が非常に発達した世界からきたロボットが主役で、後者は今ほど科学技術が発達していない時代の物語である。ドラえもんの世界では、何か問題が起こると最先端の技術が詰まった道具を使って、華麗に問題を解決していく。ときには地球を揺るがすような深刻な問題も起こるが、それをはるかに凌駕（りょうが）する便利な道具が出てきて危機をしのいでいく。一方、トトロの世界では、洗濯機もないような暮らしで、登場する文明の機器といったら自動車くらい。決して便利とはいえないが、こうしたのどかな暮らしぶりでは、人類の生存を脅かすような環境問題は起きそうにみえない。

私が大学で行っている講義ではこうした説明をしたのち、「ドラえもん」と「トトロ」の世界のどちらに住みたいか、学生さんに問うことがある。言い換えたら「環境問題は起こっても、技術でそれを克服していく便利な世界」と「環境問題とは無縁だけれど、それほど便利でない世界」だ。ほとんどの学生さんはトトロの世界で暮らしたいと言う。トトロの可愛さに多少票が流れている雰囲気は感じつつも、現代文明のあり方について、将来を担う学生さんたちもいろいろと感じるところがあるのだろう。みなさんはどちらの世界に住んでみたいだろうか。

変わりゆく農村

都市に続いて、農村のコケにも危機がせまっている。農業人口の減少に伴って、農地が放棄されつつあるのだ。おまけに農業の効率をあげるための乾田化（稲の収量の増加や農作業の効率を上げるために水田の水を落とすこと）や圃場整備は水田環境をガラリと変え、コケを含む農地の生物の減少に追いうちをかけている。その結果、農地に広く分布していた種でさえ、絶滅危惧種として環境省のレッドリストに掲載されてしまったものもある。イチョウウキゴケもその一つだ。

都市の場合と同じく、人間活動がメインとなる農地でも、コケを守るというのはなかなかハードルが高い。都市がヒトが生活する場であるのと同様、農地は農業をする場であって、コケを守るためにあるわけではない。たまたま農地の環境が一部のコケにとって住みやすかっただけなのだ。こうした事情を踏まえれば、農地の変化は必然である。伝統的な農法は、手間やコストがかかり、収量も劣る。効率のいい新しい農法が支持されるのはもっともだ。

生物の研究をしていて、思うことがある。効率を重視し、無駄を省くというのは、一見するとコストパフォーマンスがいいように見えるが、長い目でみるとそういうわけでもな

伝統的な水田景観「棚田」

基盤整備されていないため一筆あたりの田んぼの面積が小さく、不揃い。

圃場整備された現代の水田景観

作業効率を上げるため一筆あたりの田んぼの面積が大きく、形もそろっている。

いかもしれない、と。例えば、生物は進化の過程で多くの無駄をそぎ落とし、洗練された形になっているが、それでもなお、常に多くの無駄をかかえている。その主たるものがDNAだ。膨大な塩基配列からなるDNAのなかで、実際に遺伝子として使われている部分はほんの数％にしかみたず、大部分は何の働きもないといわれている。しかし、この無駄な部分がさまざまな遺伝子を試す実験場として使われ、新たな進化につながる原動力となってきた。コケからシダや木や草が進化したのも、この原動力のおかげだとされる。もしこの「無駄な部分」がなかったら、世界は今も藻類とコケだけで覆われていたかもしれない。

水田が第二の故郷
「イチョウウキゴケ」

夏の終わりから春先にかけて、水田や田畑でみられる。和名はいちょうのような形に由来。寒さにあたると紫色になる。土の上に生えるだけでなく、水中に浮かんで生えることも。

私がコケの研究を始めた頃、「なんでコケなんて研究するのか」とよく聞かれた。森で重要なのは、木や草だ。コケなんて研究しても何の役に立つのか、と。しかし、今、「無駄」だと思われていたコケがにわかに脚光をあびている。こうした経緯もあってか、無駄のなかにひそむ価値に私は敏感に反応してしまうのかもしれない。それゆえ、農業の効率化とともに消えていくコケたちに、人一倍切なさを感じてしまうのだろう。

荒れる里山～深山

農地の話とも関連するが、農村のライフスタイルの変化は森の動物たちを変えてしまった。里で狩猟を生業とする人が減ったり、また里そのものの人口が減少することで、里山～深山のシカたちがここぞとばかりに増加し始めた。おまけに温暖化で雪が減少したことも、シカの増加に拍車をかける。シカは大雪に弱く、厚く降り積もった雪のなかでは身動きがとれずに死んでしまうためだ。こうした社会・自然環境の変化もあってシカの個体数は急速に増え、1980年～2000年の間に分布域が70％も広がったとされる。

奈良公園では煎餅(せんべい)さえ食べるシカであるが、さすがのシカもコケは食べない。そのため、海外の研究事例によれば、シカが増えることで草が減って森の中が明るくなり、コケが増加したという研究例もある。しかし、現実はそんなに単純ではない。シカの増加が顕著に起こった地域である大台ケ原（奈良県）の事例をみてみよう。

大台ケ原は年間降水量が4500㎜を超え、多いときで8000㎜を超えたことさえあった。このしっとりとした環境はコケにとって望ましく、過去の文献によれば、森一面どこもコケだらけだったらしい。

「らしい」というのは、今の大台ケ原のコケ景観はすっかり変わってしまったためだ。1980年から2008年のたった30年の間に起こった変化を解析したところ、場所によっては実に樹幹のコケが99％も減少してしまったのだ。今ではもののけの森だった往時の面影は、ほとんど残っていない。シカはコケを食べないのに、なぜこれほどまでにコケが減ってしまったのだろう？

大台ケ原の東部では、針葉樹の一種「トウヒ」が広く分布している。シカは草や木の葉を食べるだけでなく、トウヒの皮もよくかじる。これはシカに聞いてみないことにはわからないが、一説によれば、どうやらシカはトウヒなどの樹皮を食べることで、お腹の環境を整えているらしい。きっと、シカがトウヒの皮をかじるのは、ヒトがヤクルトを飲むようなものなのだろう。

コケの森だった面影を残す東大台ケ原の森(上)と、面影のない同森（下）
イワダレゴケ（p.161）などが森のなかを所々覆っているが、下の写真の立ち枯れた木々の風景からは、コケの森だったことが想像できない。

ただ、ヤクルト代わりにかじられたトウヒはたまったものではない。広葉樹とは異なり、針葉樹の通導組織（水を運ぶ管など）は樹皮の表面近くにある。そのため、樹皮とともに通導組織を傷つけられてしまうと、根から上部へ水がいきわたらなくなってしまう。それだけではない。かじられたところから腐食が進み、台風などの大風で木が倒れやすくなる。とくに地形的な特徴から大台ケ原では強風が吹きすさび、トウヒも風の影響を受けやすい。トウヒが倒れると林床が明るくなり、同時に風が通りぬけるようになって森の乾燥が始まる。その結果、しっとりとした森の中に生えていたコケが大ダメージをうけて消えてしまったのだ。

ただ、もしトウヒが倒れたことによる乾燥だけだったら、30年の間にコケがほぼ壊滅することはなかったはずだ。ここに、もう一つ、コケを壊滅させる要因があった。前述のように、トウヒはシカの樹皮はぎに弱い。そこで、これ以上、トウヒへのさらなる食害を防ぐために強力な対策が実施された。樹皮を金網（ラス）で巻くのである。さすがのシカでも金網で巻かれた樹皮はかじれず、この対策はトウヒを守るという意味では成功だった。

しかし、よかれと思ってしたはずの対策が、予期せぬ結果を招くことになる。この金網が樹幹のコケを壊滅させるほどの大ダメージを与えてしまったのだ。雨の多い大台ケ原で

金網の影響で消えたコケ（大台ケ原）
金網が巻かれた幹（下半分）ではコケが消えている。

は金属はさびやすい。さびた金網から表面の金属メッキ（亜鉛メッキ）が腐食し、金属を含んだ雨水が樹幹のコケに影響を与えたのだ。ホンモンジゴケのような一部のコケは金属に対して耐性はあるが、ほとんどのコケは金属汚染に弱い。こうして人がほとんど住んでいない深山で、思いがけない金属汚染がおこり、金網を巻かれたトウヒのコケは壊滅状態になってしまったのだ。

念のために補足しておくが、金網が樹幹のコケを壊滅させるほどの影響を与えたからといって、この対策が間違いだったとはいえない。仮に金網を巻かなければ、シカによるトウヒの食害はもっと進んでいたはずだ。シカの頭数が爆発的に増加した時点で、すでに生態系には大きなゆがみが生じていた。遅かれ早かれ、大台ケ原のコケは大きく減少する運命にあったのだろう。

なお、以上の研究は私が学生時代に行ったものだ。こうしたラスの影響が明らかになったことで、現在、大台ケ原ではトウヒの金網を順次、金属製からゴム製へと置き換えている。しかし、またいつの日か、かつてのようなコケの「もののけの森」ができるかどうか……。残念ながら、わからない。コケを含む森へのダメージがあまりにも大きすぎたのだ。

生態系がもとに戻るかどうかは、ヒト同士の関係に似ている。ヒト同士が付き合っていく上で小さな喧嘩はいろいろとある。小さな喧嘩ならば少し時間がたてば、何もなかったように元通りになるだろう。ただ、どうしても我慢ならないことがあって、ある一線を超えるような大喧嘩をしてしまったら、二人の関係はガラリと変わってしまう。「親友」や「恋人」から「にっくき相手」になることさえある。こうなったら最後。そう簡単には元通りの関係にはもどれない。場合によっては、一生口をきかない関係になってしまうことだってあるだろう。これは生態系も同じなのだ。小さな変化ならば時間がたてば元に戻ることができる。しかし、あまりにも大きな変化が起こってしまったら最後、その状態で安定してしまって多少のことでは元に戻すことができないのだ。

「何かしらの変化があったとき、生態系がもとに戻る力」を専門用語で「生態系レジリ

サササ原になった苔探勝路（東大台ケ原）
この苔探勝路をつくったときには、辺り一面コケだらけだったのだろうか。

エンス」という。1980年〜2010年頃の間に大台ケ原で起こったコケの変化を解析したところ、東大台ケ原の一部の地域では生態系レジリエンスの閾値を超え、「コケの豊かな森」から「コケが少ない森」の状態で安定してしまったようだ。これは、かつてはコケがうっそうと茂る森だった東大台ケ原が、現在は白くなった立ち枯れの木々が広がる様子をみれば納得がいく。大台ケ原には「苔探勝路」と呼ばれるコケの散策コースがある。が、今では見渡す限りのササ原になっており、コケを探すのも難しい。ところどころにある「苔の森を再び」という看板がどこか切なくみえる。

気候変動にゆれる高山

人類の将来を左右する問題の一つが地球温暖化。報道などで耳にする機会も多くなった。これはそれだけ地球温暖化が大きな脅威になってきたことの裏返しともいえる。2017年にノーベル賞学者たち50人が人類を滅亡させる11の要因について語るという企画が、英高等教育雑誌「Time Higher Education」で実施された。核戦争、感染症、テロリズム、薬物、隕石の衝突……などの要因を抑えて、トップにあげられたのが、地球温暖化などの環境問題（＋人口増加）であった。

地球温暖化とは、その名の通り、地球の気温が上昇する現象をいう。一部では温暖化について懐疑を投げかけている研究者もいるが、大多数は温暖化を否定できない事実として認めている。ただ、地球全体の気温は上がったとしても、局所的には寒冷化などをもたらすこともあるので、温暖化よりも環境変動という用語が最近は好んで用いられている。

産業革命以降、人間活動によるエネルギー使用量が急激に増加し、二酸化炭素などの熱を吸収しやすい温室効果ガスが大量に排出されるようになった。その結果、地球全体の平均気温は1880年〜2012年の間に約0・85℃上昇し、今後、何の対策もなければ21世紀終わりまでに最大4・8℃も上がると予想されている。東京の気温が4・8℃上がったら、現在の沖縄の気温に近くなってしまう。こうなってしまったら、問題が起こらないはずがない。

もちろん、こうした状況を世界の指導者たちが指をくわえてみているわけではない。地球温暖化の深刻さが世界各国に広く共有され、先進国の温室効果ガスの排出量を以前のレベルにまで戻すことが目標とされた。いわゆる「京都議定書」の誕生である。しかし、結局この目標を達することができず、それればかりか状況は悪化するばかり。それ以降も新たな国際的な取り組みが行われてはいるが、残念ながら今なお、各国の足並みはそろわず、年々、深刻になっている。

「ヒートアイランド現象」が都市のコケにストレスを与えるように、地球レベルの気温上昇は地球上のコケに影響を与える。とくに、もともと涼しい環境に生えている山岳のコケへの影響は深刻だ。ある研究によれば、今世紀末までに気温の上昇で、山岳地域の植物の半数は生育地を失ってしまうという。私が山岳地域で行った実験でも、ある種のコケは1℃未満の気温の上昇でも、わずか2〜3年で壊滅的に消えてしまう可能性があることがわかった。山岳地域でコケは「森のダム」「森の栄養素の貯蔵庫」「森のゆりかご」として機能しており、コケが減少するということは、すなわち、この機能が失われ、森の生態系

山岳地域に設置した温暖化実験区

標高約2600 m（信州大学西駒演習林）にある温暖化実験区。波板内は周囲よりも気温が高い。田中健太氏（筑波大学）、小林元氏（信州大学）、鈴木智之氏（東京大学）との協同研究。

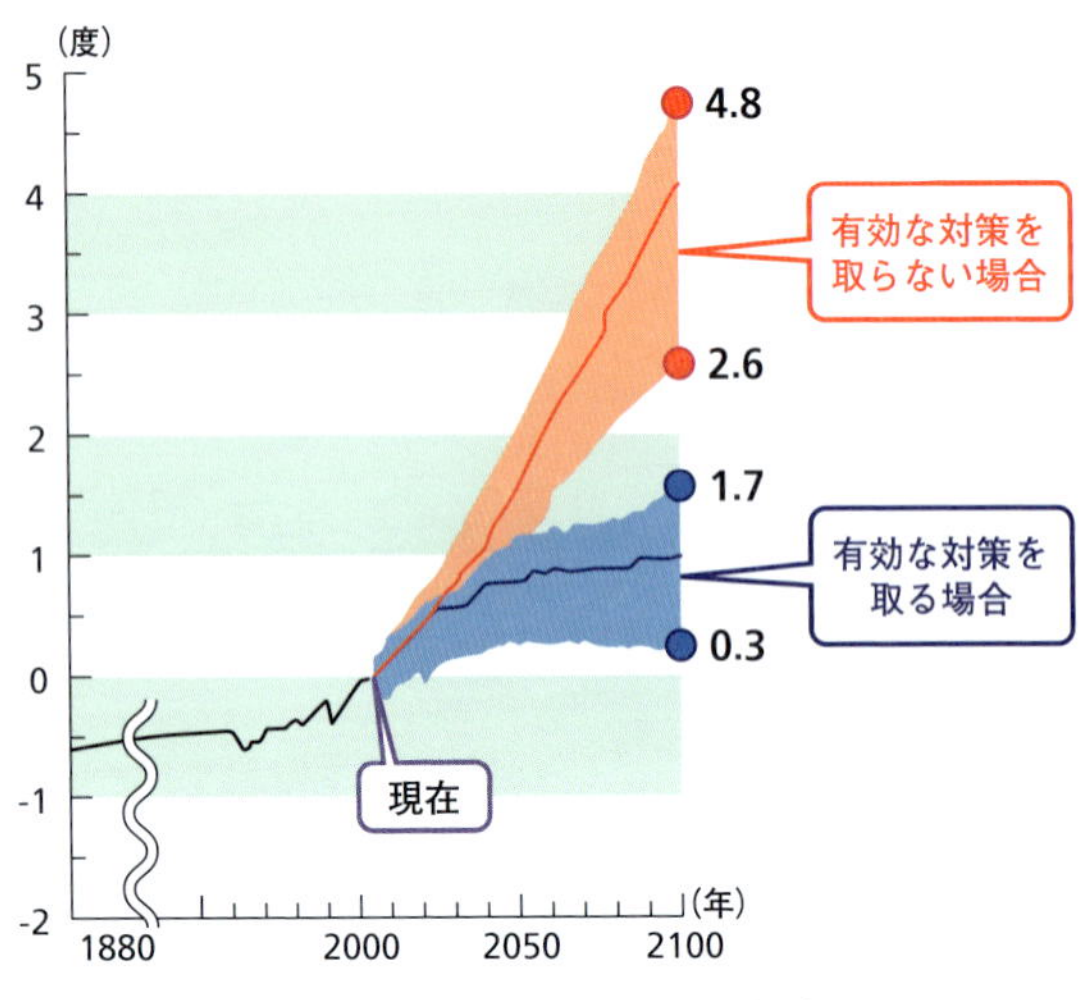

世界の気温変動［観測と予測］（ICPP2013を改変）

が大きく変化することを意味する。

人類の将来を左右するほど深刻な地球温暖化（環境変動）ではあるが、日常生活では不思議なくらいに危機感がない。

こうした状況は「ゆでガエル」にたとえられることがある。カエルをいきなり熱湯にいれたら、驚いて飛び出す。しかし、水にいれてその水の温度を少しずつ上げていくと、水温が上昇しているのに気がつかずにゆであがって死んでしまうという。この例から、「ゆでガエル」はじわじわと進行する危機や環境の変化に対しては気がつきにくく、対応が難しいことのたとえとして使われる。

気温が毎年1℃ずつ上がっていけば、

誰しもがその変化に恐れおののくだろう。しかし、上がったり下がったりしながら、100年かけて気温が1℃上昇しても、深刻さはいまいちわかりにくい。でも、気温の変化に危機感を抱いたときには、もはや手のうちようがないレベルになっているだろう。ちなみにカエルをいれた水を熱くしていっても、本当にカエルが飛び出さないのか、実験した例がある（かなり前のもので、今では、こうした残酷な実験は許されないだろう）。その結果をみると、カエルはある水温以上になると飛び出し、「ゆでガエル」になることはないようだ。

小さなコケの声

「ゆでガエル」のたとえ話にあるように、じわじわと変化する環境に対して、ヒトはなかなか気がつきにくい。しかも、気づいたときにはときすでに遅し。後戻りできない状況になっている。それならば、問題の影響が小さいうちに、その芽を摘み取らなければならない。

このためには、環境の危機をいちはやく教えてくれる「何か」が必要である。その一つが何を隠そう「コケ」なのだ。これまで紹介してきたように、コケは体のつくりが単純であるがゆえに環境の変化をうけやすい。そのため、環境問題が深刻なレベルになるはるかずっと前から、コケにはその影響が現れる。都市の気温が上がればコケ庭のコケが消え、農業が変化すれば農地のコケが消え、シカが増えたら山のコケが消え、温暖化が進めば高山のコケが消える。ときには高山で起こった越境大気汚染までコケは教えてくれる。

もちろん、コケに影響が出たからといって、すぐには日常生活に支障がでることはないだろう。しかし、数十年後に振り返ってみたら、「あのときコケが消えたのは、大きな環境変化の前触れだったのかもしれない」と思うことはあり得る。すなわち、坑道のカナリアのごとく、コケは環境の変化が起こりつつあることを、私たちにそっと教えてくれているのだ。今、この小さなコケの声に耳を傾けるかどうか……それはもしかすると、人類の未来を左右するかもしれない。

おわりに

コケの形や色の美しさから始まり、コケの生き方、果ては人類を左右する環境問題にまで話が膨らんできた。小さなコケは日々の生活に彩（いろどり）を与えてくれるだけではない。その小さな世界のなかには、地球レベルの環境問題までもがぎっしりと凝縮されているのだ。

さて、本書の中心は常にコケだったが、生態学や進化などの生物に関連する話題はもちろんのこと、アニメなどのポピュラーカルチャーから、庭の歴史・和歌などの文化の話あり、境界層や流線形、テルペン類などの物理・化学の話あり、ヒートアイランドや越境大気汚染などの環境問題の話あり……。いろいろなトピックが顔を出していたことにお気づきいただけたろうか。これは私がこれまでの研究を振り返って思うことだが、コケの研究を突き進めるほどに、全く関係がないと思っていたものが結びついてくる。そしてこの結びつきがコケの世界への洞察を深め、思いもよらなかったことを教えてくれるのだ。

　この本で紹介したコケの話は、ほとんどの人にとっては重要ではなく、いわば雑学になるだろう。しかし、視点を変えれば、そうした雑学だからこそ、みなさんの世界を広げてくれる可能性を秘めているともいえる。「全く関係のないと思っていたもの」が「コケ」と結びついたのなら、「コケ」が「全く関係のないと思っていたもの」とつながることだってある。それがきっかけとなって、何かひらめいたり、視野が広がったりするかもしれない。樹木にとって大切なものは果実ではなく、種子だという。コケの雑学は果実のようにすぐに役に立つものではない。けれど、きっとその果実を育てる種にはなってくれるはずだ。

　ただ、こうした効果を期待してコケをみる必要はない。妙に気負ってしまうと、楽しめるものも楽しめなくなってしまうかもしれない。純粋に、その美しさを楽しむことが大切なのだ。身近なコケが日常生活にちょっと彩を添えてくれる。それだけで、なんてステキなことだろうか。

　この本を閉じたら、フラッと散歩にでてみよう。遊ぶ約束もしていないのに、友達と会えるかなと思って出かけた子供の頃のように……ちょっぴりコケとの出逢いを期待して。

でも、大丈夫。その期待をコケは裏切らない。道端で、木の幹で、空地の隅で。コケはあなたを待っている。ちょっと気になるコケをみつけたら、しゃがみこんでじっくり眺めてみる。そして、その小さなコケにギュッと詰まった物語に思いを馳せる。

何かわかる？　いや、すぐには無理かもしれない。でも、コケを見ているうちに、いつしかコケが何か語ってくれるはずだ。それもただのコケのストーリーじゃない。目の前の小さなコケに目をとめた貴方だけに向けた、とっておきの物語を。

参考文献

- 秋山弘之編（2002）『コケの手帳』（研成社）
- 秋山弘之（2004）『苔の話――小さな植物の知られざる生態』（中央公論新社）
- 安藤久次（1983）「中国におけるコケ類の利用」2．五倍子の生産に欠くことのできないコケ類．日本蘚苔類学会会報 3: 124–125.
- Bates, J.W.（1998）Is ‘life-form’ a useful concept in bryophyte ecology? *Oikos* 82: 223–237.
- Bisang, I., Hedenäs, L.（2005）Sex ratio patterns in dioicous bryophytes re-visited. *Journal of Bryology* 27: 207–219.
- Chapin, F.S.III, Oechel, W.C., Van Cleve, K., Lawrence, W.（1987）The role of mosses in the phosphorus cycling of an Alaskan spruce forest. *Oecologia* 74: 310–315.
- During, H.J.（1979）Life strategies of bryophytes: A preliminary review. *Lindbergia* 5: 2–18.
- Engler, R., Randin, C.F., Thuiller, W., Dullinger, S., Zimmermann, N.E., Araújo, M.B., Pearman, P.B., Le Lay, G., Piedallu, C., Albert, C.H.（2011）21st century climate change threatens mountain flora unequally across Europe. *Global Change Biology* 17: 2330–2341.
- Glime, J. M.（2017）Bryophyte Ecology. Volume 1. Physiological Ecology. https://digitalcommons.mtu.edu/bryophyte-ecology1/
- 長谷部光泰監修（2015）『進化の謎をゲノムで解く』（秀潤社）

・樋口正信（2012）『北八ヶ岳　コケ図鑑』北八ヶ岳苔の会
・ICPP（2013）Climate change 2013. http://www.climatechange2013.org/images/report/WG1AR5_ALL_FINAL.pdf.
・井上勲（2006）『藻類30億年の自然史――藻類からみる生物進化・地球・環境』（東海大学出版会）
・井上太樹、飯島勇人（2013）「倒木上での樹木の更新における蘚苔類群集の影響」日本生態学会誌 63: 341-348.
・井上浩（1969）『こけ　その特徴と見分け方』（北隆館）
・Iwatsuki, Z.（2004）New catalog of the mosses of Japan. *Journal of the Hattori Botanical Laboratory* 96: 1-182.
・岩月善之助、出口博則、古木達郎（2001）『日本の野生植物 コケ』（平凡社）
・環境省編（2015）『レッドデータブック２０１４　９ 植物Ⅱ』（ぎょうせい）
・片桐知之、古木達郎（2018）「日本産タイ類・ツノゴケ類チェックリスト」2018. Hattoria 9 : 53-102.
・北川尚史（1975）「葉上生のコケ　しだとこけ」9: 9-10.
・北川尚史（2017）『コケの生物学』（研成社）
・小松正史（2014）「苔が織りなす静寂感」このは編集部（編）『コケに誘われコケ入門』p. 91.（文一総合出版）
・Kostka, J.E., Weston, D.J., Glass, J.B., Lilleskov, E.A., Shaw, A.J., Turetsky, M.R.（2016）The Sphagnum microbiome: new insights from an ancient plant lineage. *New Phytologist* 211: 57-64.

・Linhart, J., Fiuraskova, M., Uvira, V.（2002）Moss- and mineral substrata-dwelling meiobenthos in two different low-order streams. *Archiv für Hydrobiologie* 154: 543–560.
・丸尾文乃（2017）Studies on restricting parameters of sexual reproduction in the moss Racomitrium lanuginosum. 総合研究大学院大学博士論文.
・三上岳彦（2005）「都市のヒートアイランド現象とその形成要因」地學雑誌 114: 496–506.
・Moore, P.D.（2002）The future of cool temperate bogs. *Environmental Conservation* 29:3–20.
・守田益宗（1985）「暑寒別岳雨竜沼湿原の花粉分析的研究」東北地理 37: 166–172.
・中坪孝之（1997）「陸上生態系における蘚苔類の役割：森林と火山荒原を中心に」日本生態学会誌 47: 43–54.
・Oishi, Y.（2009）A survey method for evaluating drought-sensitive bryophytes in fragmented forests: a bryophyte life-form based approach. *Biological Conservation* 142: 2854–2861.
・Oishi, Y.（2011）Protective management of trees against debarking by deer negatively impacts bryophyte diversity. *Biodiversity and Conservation* 20: 2527–2536.
・Oishi, Y.（2012）Influence of urban green spaces on the conservation of bryophyte diversity: The special role of Japanese gardens. *Landscape and Urban Planning* 106: 6–11.
・大石善隆（2015）『苔三昧――モコモコ・うるうる・寺めぐり』（岩波書店）
・大石善隆（2016）「初めて食べたコケの味」『望星』12月号：88–89.
・Oishi, Y.（2018）Comparison of moss and pine needles as bioindicators of transboundary polycyclic

aromatic hydrocarbon pollution in central Japan. *Environmental Pollution* 234: 330–338.

・Oishi, Y.（2018）Evaluation of water-storage capacity of bryophytes along an altitude gradient from temperate forests to the alpine zone. *Forests* 9: 433.

・Oishi, Y.（2019）The influence of microclimate on bryophyte diversity in an urban Japanese garden landscape. *Landscape and Ecological Engineering* 15: 167–176.

・Oishi, Y.（2019）Urban heat island effects on moss gardens in Kyoto, Japan. *Landscape and Ecological Engineering* 15: 177–184.

・Oishi, Y.（2019）Moss as an indicator of transboundary atmospheric nitrogen pollution in an alpine ecosystem. *Atmospheric environment* 208: 158–166.

・大石善隆（2019）『じっくり観察　特徴がわかる　コケ図鑑』（ナツメ社）

・大石善隆（2019）『苔登山――もののけの森で山歩き』（岩波書店）

・大石善隆、森本幸裕（2008）「都市内復元型ビオトープにおける蘚苔類フロラの変化」ランドスケープ研究 71: 577–580.

・Oishi, Y., Tabata, K.（2014）The importance of large trees in shrine forests for the conservation of epiphytic bryophytes in urban areas. In: Blanco, J.A. and Y.-H.（eds.）Biodiversity in ecosystems-linking structure and function, pp. 457-473. Intech, Croatia.

・Oishi, Y., Doei, H.（2015）Changes in epiphyte diversity in declining forests: Implications for conservation and restoration. *Landscape and Ecological Engineering* 11: 283–291.

・ロビン・ウォール・キマラー（2012）『コケの自然誌』（築地書館）
・佐竹研一（2014）『銅ゴケの不思議 改訂版』（株式会社イセブ）
・柴田叡弌、日野輝明（2009）『大台ケ原の自然誌――森の中のシカをめぐる生物間相互作用』（東海大学出版会）
・嶋村正樹（2012）「ゼニゴケの分類学と形態学」植物科学の最前線 3: 84-113.
・高木典雄、生出智哉、吉田文雄（1996）「コケの世界　箱根美術館のコケ庭」エム・オー・エー美術・文化財団
・Tao, Y., Zhang, Y.M.（2012）Effects of leaf hair points of a desert moss on water retention and dew formation: implications for desiccation tolerance. *Journal of Plant Research* 125: 351-360.
・横田岳人（2011）「ニホンジカが森林生態系に与える負の影響――吉野熊野国立公園大台ヶ原の事例から」森林科学 61: 4-10.

大石善隆 おおいし・よしたか
静岡県浜松市(旧浜北市)出身。
福井県立大学学術教養センター教授。専門はコケ生物学。
京都大学大学院農学研究科博士課程修了。博士(農学)。
主な研究テーマはコケの生態。この専門を背景にして、
コケから日本の文化や地球環境問題についても考える。
時にはお目当てのコケ1種をみるために全国各地を旅することも。
著書に『苔三昧 モコモコ・うるうる・寺めぐり』
『苔登山 もののけの森で山歩き』(岩波書店)、
『じっくり観察 特徴がわかる コケ図鑑』(ナツメ社)などがある。

NHK出版新書 588

コケはなぜに美しい

2019年6月10日 第1刷発行
2024年5月15日 第2刷発行

著者 大石善隆
発行者 松本浩司
発行所 NHK出版
〒150-8081 東京都渋谷区宇田川町10-3
電話 (0570) 009-321(問い合わせ) (0570) 000-321(注文)
https://www.nhk-book.co.jp (ホームページ)

ブックデザイン albireo
印刷 近代美術
製本 藤田製本

Printed in Japan ISBN978-4-14-088588-8 C0245

NHK出版新書好評既刊

55歳からの時間管理術
「折り返し後」の生き方のコツ

齋藤 孝

いよいよ「人生後半戦」に突入した50代半ば。気がつくと〝暇〟な時間が増えてきた。ついに手に入れた自由な時間を、いかに活用すればよいか？

585

人体 神秘の巨大ネットワーク 臓器たちは語り合う

丸山優二
NHKスペシャル「人体」取材班

生命科学の最先端への取材成果を基に、従来の人体観を覆す科学ノンフィクション。大反響を呼んだNHKスペシャル「人体」8番組を1冊で読む！

587

コケはなぜに美しい

大石善隆

岩や樹木になぜ生える？「苔のむすまで」はどれくらい？ 静寂と風情をつくるコケの健気な生き方を、200点以上のカラー写真とともに味わう。

588

米中ハイテク覇権のゆくえ

NHKスペシャル取材班

情報・金融・AIなどのハイテク分野で、アメリカの覇権を揺るがし始めている中国。日本の命運を左右する、二つの超大国の競争の真実に迫る。

589

暴走するネット広告
1兆8000億円市場の落とし穴

NHK取材班

あなたが見ているそのサイトで誰かが〝不正に〟儲けている——。急成長を遂げるネット広告の問題点を「クローズアップ現代＋」取材班が徹底追跡。

590